职业院校校企“双元”合作电气类专业立体化教材

单片机技术应用项目教程

主　编　王国明

副主编　李田华　吴振伟

参　编　刘志臣　谷　宇　高　祥

机械工业出版社

本书采用“教、学、做、评”一体化的编写模式。全书共设计了12个项目，前9个项目组成了基础模块，涵盖了单片机最小系统、C51编程基础、键盘控制、LED数码管和液晶显示、外中断、定时器/计数器、A/D转换等基础知识，项目十至项目十二为提高模块。每个项目由若干个任务组成，每个任务均体现了单片机技术应用岗位对知识、技能和职业素养的要求。教师在教学活动中应以12个项目为载体、以工作任务为驱动，组织教学。

本书可作为中等职业学校电子信息类专业、电气控制及自动化类专业的教学用书，也可以作为各类单片机培训班的入门教材。

为方便教学，本书提供了微课视频（以二维码形式呈现于书中）、电子教案、PPT课件、电路原理图和相关源程序等教学资源，可登录www.cmpedu.com注册并免费下载。

图书在版编目（CIP）数据

单片机技术应用项目教程/王国明主编. —北京：机械工业出版社，2021.9（2024.8重印）
职业院校校企“双元”合作电气类专业立体化教材
ISBN 978-7-111-69196-9

Ⅰ.①单… Ⅱ.①王… Ⅲ.①单片微型计算机-高等职业教育-教材 Ⅳ.①TP368.1

中国版本图书馆CIP数据核字（2021）第192783号

机械工业出版社（北京市百万庄大街22号 邮政编码100037）
策划编辑：赵红梅 责任编辑：赵红梅 张 丽
责任校对：张 征 封面设计：马精明
责任印制：单爱军
北京虎彩文化传播有限公司印刷
2024年8月第1版第4次印刷
184mm×260mm · 15印张 · 258千字
标准书号：ISBN 978-7-111-69196-9
定价：45.00元

电话服务	网络服务
客服电话：010-88361066	机 工 官 网：www.cmpbook.com
010-88379833	机 工 官 博：weibo.com/cmp1952
010-68326294	金 书 网：www.golden-book.com
封底无防伪标均为盗版	机工教育服务网：www.cmpedu.com

前　言

根据职业学校学生的认知特点以及 2019 年“职教 20 条”中“1 + X”职业技能等级证书培训要求，参照企业中单片机应用系统设计制作、开发、调试和维修等岗位标准要求，本书将传统单片机理论与单片机实训予以整合，涵盖了单片机电路制作、单片机仿真、C51 编程、程序下载和调试等内容。

本书具有如下特点。

1.“项目引导、任务驱动”编写模式

本书以促进职业学校学生的综合职业能力为根本目标，依照“项目导向、任务驱动、能力培养”的现代职业教育理念，采用“教、学、做、评”一体化的项目编写模式，将单片机工作原理、C51 编程等相关知识融入兼具趣味性与实用性的项目中，摒弃了枯燥的单片机指令系统和汇编语言，打破了传统的单片机学科体系，使学生不再将单片机作为一门计算机原理课程来学习。

2. 软硬件结合、虚实结合

单片机应用系统包括硬件和软件两大部分，硬件是基础，是软件编程的平台。传统的单片机教学过分注重学习软件编程，在硬件方面只是做一些验证性的实验，人为地将硬件和软件编程割裂开来，造成了软硬件脱节的现象。为了让学生深入理解硬件，本书各项目中大部分硬件电路要求由学生独立制作，以有效锻炼学生的动手能力。虚实结合是指软件虚拟仿真和实际电路制作调试相结合，虚拟仿真可以解决单片机教学中普遍存在的硬件实验条件要求高、入门学习门槛高的难题，即使没有硬件电路板，也可以学习单片机软件编程。

很多传统教材或者传统教具、开发板中电路连接相对固定，无法自主更改设计。本书将单片机的主要电路设计为模块，在项目教学中可以引导学生利用模块电路连接设计所需电路系统，为教师的教学创新、自主开发设计提供基本、便利的硬件保障。

3. 配套立体化教学资源

本书配备了电子教案、微课视频、PPT 课件、电路原理图和源程序等教学资源，其中微课视频可以通过扫描二维码获取，既便于开展“线上线下”混合模式

教学，使学生学习更加便利，又可以服务于课堂教学，使知识点讲解和操作过程演示更加直观、易于理解（为了便于学生理解，本书中所有仿真图由仿真软件生成，不进行标准化处理）。

4. 融入课程思政

本书通过项目描述和任务描述引出学习目标，在完成项目学习后进行评价反馈，以帮助学生总结经验、吸取教训。同时书中融入“小贴士”“注意”“调试经验”“任务拓展”等环节，以拓展学生知识视野，提升学生操作技能。

本书主要内容及参考学时分配如下：

模块名称	项目序号	项目名称	涉及的单片机功能模块	课时安排（课时）
基础模块	项目一	初识单片机	程序编写、编译与下载，单片机最小系统电路	8
	项目二	单片机控制 LED 灯闪烁	LED 控制与仿真软件的应用	8
	项目三	流水彩灯	I/O 端口控制与 C51 编程	12
	项目四	密码锁	键盘接口（独立和矩阵键盘）	8
	项目五	航标灯	定时器和外部中断	8
	项目六	LED 数显计时器	数码管显示	8
	项目七	时间可调的 LED 数字显示电子表	定时器、键盘和显示综合应用	8
	项目八	液晶显示广告屏	液晶显示	8
	项目九	串口通信控制器	串口通信	10
提高模块	项目十	“叮咚”门铃	定时器的综合应用	6
	项目十一	风扇调速器	脉宽调制、键盘和显示综合应用	6
	项目十二	数字电压表	A/D 转换、键盘和显示综合应用	6
合计				96

本书由王国明任主编，李田华和吴振伟任副主编，刘志臣、谷宇和高祥参与了本书的编写工作。王国明编写了项目一～项目八，吴振伟编写了项目九、项目十，李田华编写项目十一、项目十二，李田华和吴振伟绘制了书中的电路原理图、仿真电路图和程序流程图，刘志臣、谷宇和高祥对书中程序进行了调试，王国明负责统稿，南京信息职业技术学院宋维君副教授认真审阅了本书，提出了许多宝贵的修改意见，在此表示衷心的感谢！

由于编者水平有限，书中难免存在不足之处，敬请广大读者批评指正。

编　者

二维码索引

（续）

页　码	名　称	二维码	页　码	名　称	二维码
71	项目三任务二		111	项目五任务一	
75	for 语句		114	定时器/计数器	
78	while 语句和 do…while 语句		117	定时器/计数器工作方式	
79	项目三任务三		122	项目五任务二	
83	数组		127	中断	
92	项目四任务一		135	项目六任务一	
101	项目四任务二		140	项目六任务二	

（续）

页　码	名　称	二维码	页　码	名　称	二维码
146	项目七任务一		187	串行口工作方式	
154	项目七任务二		189	项目九任务二	
164	项目八任务一		200	项目十	
174	项目八任务二		208	项目十一	
180	项目九任务一		216	项目十二	
185	串行口				

目　录

项目一 初识单片机

项目描述

本项目将制作一个单片机最小系统电路，并使用该最小系统电路控制一个发光二极管的亮灭，通过本项目的学习，了解单片机最小系统及单片机的内部结构，初步掌握单片机应用系统的调试方法。

任务一 制作 51 单片机最小系统电路

任务描述

制作一个 51 系列单片机最小系统电路，通电调试。

学习目标

1. 知识目标

1）认识 51 系列单片机，了解其内部结构和信号引脚；

2）掌握单片机最小系统的组成，了解各元器件的作用。

2. 技能目标

1）掌握用万能实验板搭建电路的方法；

2）掌握使用万用表、示波器等仪器仪表测试电路的方法。

任务分析

请按如下要求在 4 个学时内制作一个单片机最小系统电路板。

1）识读电路原理图，掌握电路中每个元器件的作用；

2）按照工艺标准，完成电路的焊接与装配；

3）使用万用表和示波器完成电路的测试。

制定任务流程图，如图1-1所示。

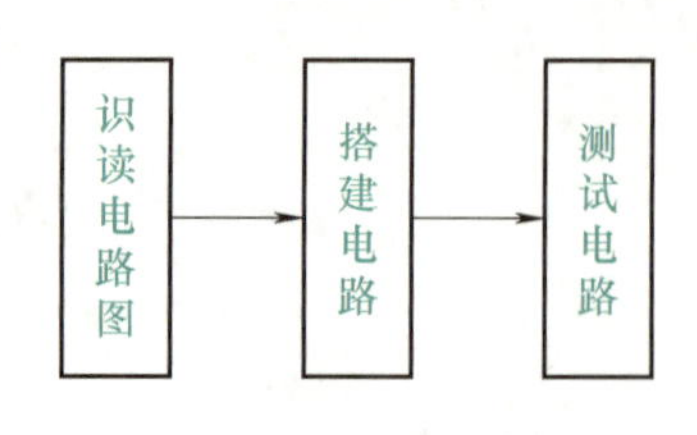

图1-1 任务流程图

设备、仪器仪表及材料准备

30W电烙铁1把（见图1-2），数字（或模拟）万用表1块，尖嘴钳、斜口钳、裁纸刀各1把（见图1-3），细导线、焊锡和松香若干。任务所需元器件见表1-1。

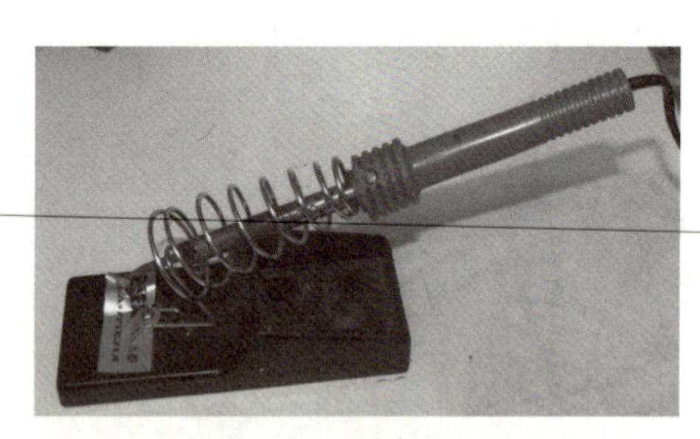

图1-2 电烙铁

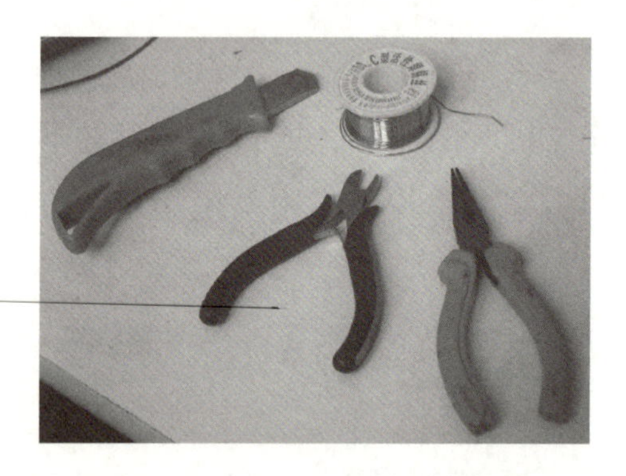

图1-3 尖嘴钳、斜口钳及裁纸刀

任务实施

活动一：结合知识链接，识读电路原理图

单片机最小系统是指单片机能够起动，并能进行正常工作的最基本硬件条件。图1-4为单片机最小系统电路，它包括复位和时钟两部分电路。

1. 复位电路

单片机在开机时或在工作中因干扰而使程序失控，或工作中程序处于某种死循环状态等情况下都需要复位电路。复位电路的作用是使中央处理器CPU以及其他功能部件都恢复到一个确定的初始状态，并从这个状态开始工作。

复位电路

51系列单片机的复位电路一般有上电复位、按键复位两种电路，如图1-5所示。

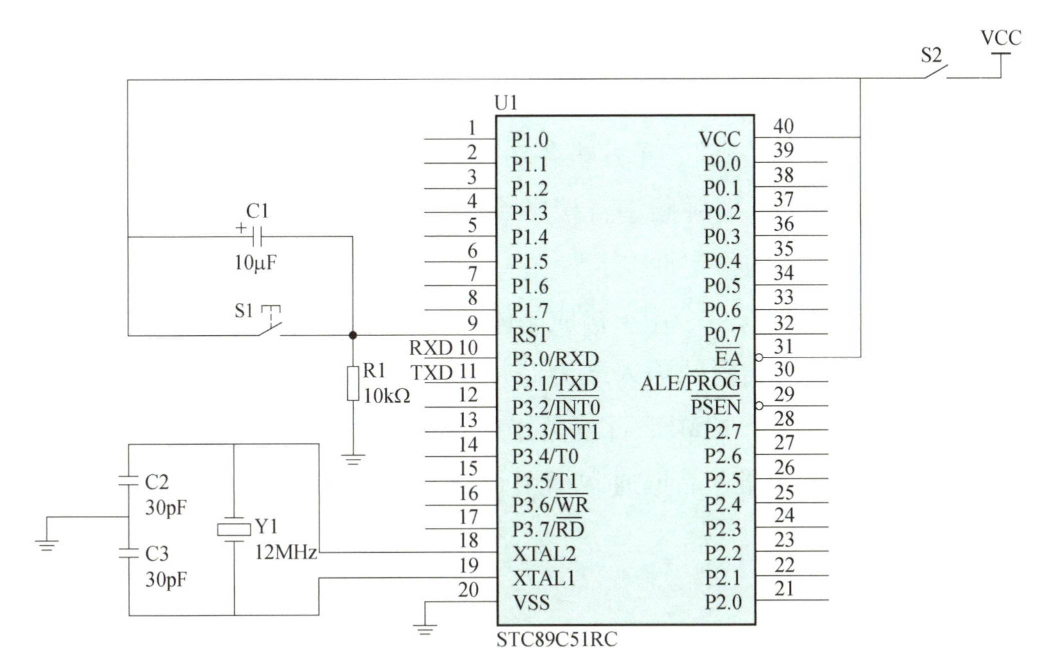

图 1-4　单片机最小系统电路原理图

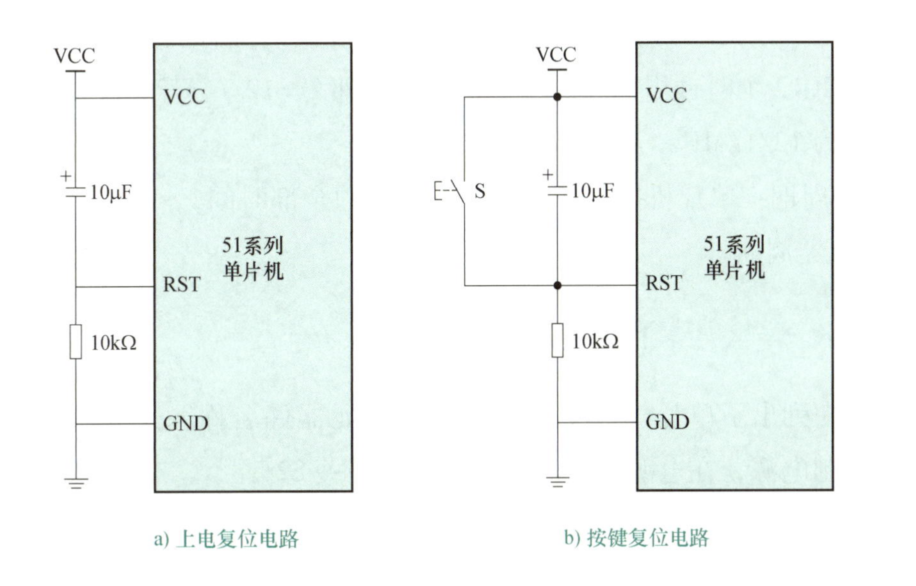

图 1-5　单片机复位电路图

图 1-5a 为上电复位电路，它是利用电容充电来实现复位的。在通电瞬间，单片机 RST 端的电位与 VCC 相同，随着充电电流的减小，单片机 RST 端的电位逐渐下降。只要保证 RST 端高电平的持续时间大于两个机器周期，单片机便能正常复位。

图 1-5b 为按键复位电路。该电路除具有上电复位功能外，还具有手动复位的功能。若要手动复位，只需按图中的 RST 复位按键，则在单片机的 RST 端就会产生一个高电平复位信号，使单片机复位。

2. 时钟电路

（1）时钟信号的产生

时钟是单片机的“心脏”，单片机各功能部件的运行都是以时钟频率为基准，有条不紊地工作。因此，时钟频率直接影响单片机的运行速度，时钟电路的质量也直接影响单片机系统的稳定性。

51 系列单片机内部有一个用于构成晶体振荡器（简称晶振）的高增益反相放大器，该高增益反相放大器的输入端为芯片引脚 XTAL1，输出端为引脚 XTAL2。这两个引脚之间跨接 1 个 12MHz 石英晶体振荡器和 2 个 30pF 瓷片电容，就构成了一个稳定的自激振荡器。晶振通常择用 6MHz、11.0592MHz、12MHz 的，电容一般选用 30pF 左右的。

（2）时序

① 时钟周期：时钟周期是单片机的基本时间单位。在 51 系列单片机里把一个时钟周期又定义为一个节拍，若晶体振荡器的频率为 f，则时钟周期 $T=1/f$。

② 机器周期：CPU 完成一个基本操作所需要的时间称为机器周期。在 51 系列单片机中每 12 个时钟周期为一个机器周期，即 $T=12/f$。若晶振频率为 12MHz，则机器周期为 12/12MHz，即 1μs。

③ 指令周期：单片机执行一条指令所占用的全部时间，一个指令周期通常需要 1 ~4 个机器周期。

活动二：焊接与装配硬件电路

表 1-1 中列出了单片机最小系统电路中的元器件名称、标号和数量等信息。为了便于控制电源，在电源处增加了一个自锁开关 S2。

表 1-1　单片机最小系统电路元器件列表

序　号	元器件名称	元器件标号	规格及标称值	数　量
1	电解电容	C1	10μF	1 个
2	瓷片电容	C2、C3	30pF	2 个
3	电阻	R1	10kΩ	1 个
4	晶振	Y1	12MHz	1 个
5	微动开关	S1	6mm×6mm	1 个
6	自锁开关	S2	8mm×8mm	1 个
7	单片机	U1	STC89C51RC	1 个
8	单片机插座		DIP40	1 个
9	单孔万能实验板		90mm×70mm	1 块

对于简单电路，可以在万能实验板上进行电路的插装焊接。制作步骤如下：

1）按照电路原理图绘制电路元器件排列布局图；

2）在万能实验板中，按布局图依次进行元器件的排列、插装；

3）按焊接工艺要求对元器件进行焊接，背面用 $\phi0.5\sim\phi1mm$ 软导线连接（也可以使用网线），直到所有的元器件连接并焊接完成为止。

调试经验

1）在单片机系统调试初期，为调试电路方便，通常不会将单片机直接焊接在电路板上，而是焊接一个与单片机引脚数相同的双列直插式插座上，以方便芯片的插拔，本电路板采用的是 DIP40 插座。

2）晶振电路应该尽量靠近单片机的引脚 18 和引脚 19，以减小分布电容的影响，使晶振频率稳定，保证单片机的时钟电路稳定工作。

3）注意一定要将单片机的 $\overline{EA}$ 端（31 引脚）连接 +5V 电源，初学者容易将此忽略。最小系统电路实物图如图 1-6 所示。

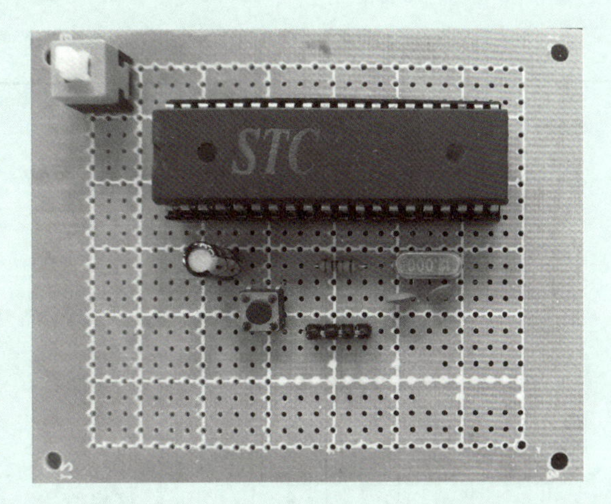

图 1-6　最小系统电路实物图

活动三：用万用表和示波器测试电路

通电之前先用万用表的电阻档检查各种电源线与接地线之间是否短路，要特别注意不能将单片机插反。然后在 VCC 与 GND 两端加 +5V 直流稳压电源，进行测试。

1）用万用表的直流电压档测量各引脚的电位值，并将测得数值填入表 1-2中。

表 1-2　万用表测得的各引脚电位值

引　脚　号	电位/V	引　脚　号	电位/V	引　脚　号	电位/V	引　脚　号	电位/V
1		11		21		31	
2		12		22		32	
3		13		23		33	
4		14		24		34	
5		15		25		35	
6		16		26		36	
7		17		27		37	
8		18		28		38	
9		19		29		39	
10		20		30		40	

2）用示波器测量 51 单片机引脚 19 的波形。绘制其波形，并计算其频率和周期，填入表 1-3 中。

表 1-3　51 单片机引脚 19 波形

记录示波器波形	示　波　器	参　　数
	时间档位： 幅度档位： 峰峰值：	频率读数： 周期读数：

任务拓展

用示波器测量引脚 30（ALE）的输出波形，计算该信号的频率和周期。如图 1-7 所示为引脚 30 测量得到的正常波形，其频率为时钟频率的 1/6。

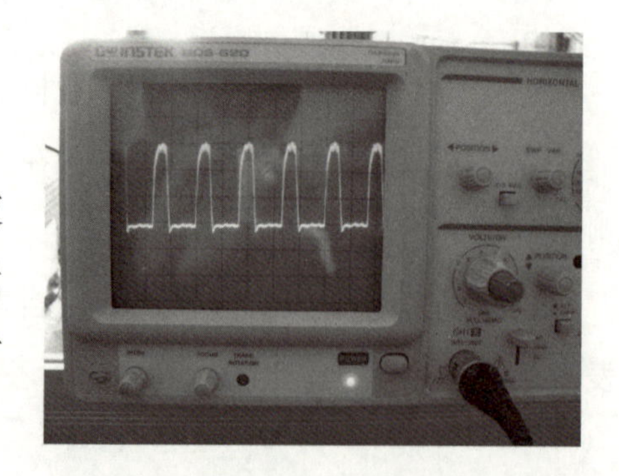

图 1-7　引脚 30（ALE）正常波形

一、单片机的简介

单片机是“单片微型计算机”（Single Chip Microcomputer）的简称，属于微型计算机的一个分支，如图 1-8 所示，它是一块集成电路芯片，其内部基本部件有 CPU（运算器、控制器）、存储器、输入和输出接口电路（内部结构图中未画出），因为缺少了输入和输出设备，所以单片机并不是真正意义上的计算机。因为单片机在控制方面具有重要的作用，所以其又被称为“微型控制器”（Microcontroller Unit，MCU）。

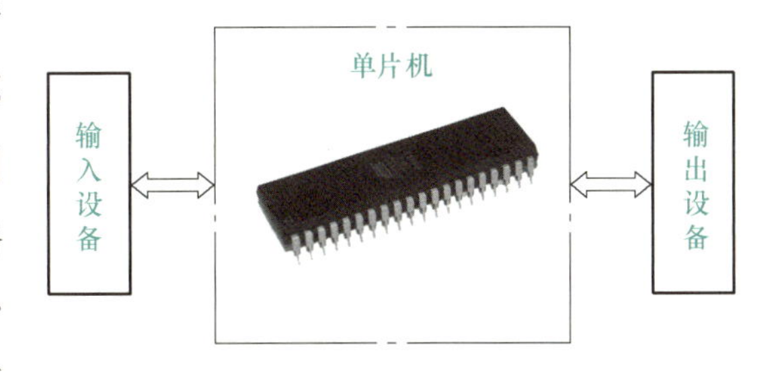

图 1-8　单片机应用系统

二、单片机的封装（外形）

目前单片机主要有以下三种封装形式：PDIP（双列直插塑料封装）、PLCC（带引线的塑料芯片载体）和 PQFP（方型扁平塑料封装），在实验阶段通常使用 PDIP 或 PLCC 封装，这两种封装的芯片可以插在对应的芯片插座上，便于更换。图 1-9 所示为单片机常见的封装形式。

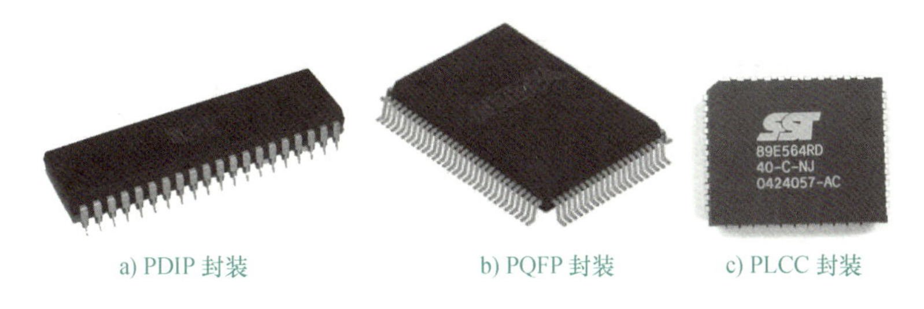

a) PDIP 封装　b) PQFP 封装　c) PLCC 封装

图 1-9　单片机常见封装形式

三、单片机的应用场合

单片机广泛应用于日常生活的各个领域，家用电器是单片机应用最多的领域之一。由于家用电器体积小、品种多、功能差异大，因而要求其控制器体积小，便于嵌入家用电器中，同时要求控制器具有灵活的控制功能。单片机具有微体积和灵活编程的特点，已成为家用电器实现智能化的“心脏”和“大脑”。

日常生活中单片机无处不在，如：手机、无人机、空调、洗衣机、微波炉、冰箱、热水器、电子表、计算器、收音机、鼠标、键盘、电动自行车、汽车钥匙、可视门禁、公交车报站器、公交车刷卡器、红绿灯控制器等，通常一个家庭所拥有的单片机数量平均为 100 ~ 120 块。

单片机具有体积小，使用灵活、成本低、易于产品化、抗干扰能力强等特点，可在各种恶劣环境下可靠地工作。由于其控制能力强，因此在工业控制、智能仪表、外设控制、家用电器、机器人、军事装置等方面得到了广泛应用。

四、51 系列单片机内部结构及引脚

1. 51 系列单片机内部结构（见图 1-10）

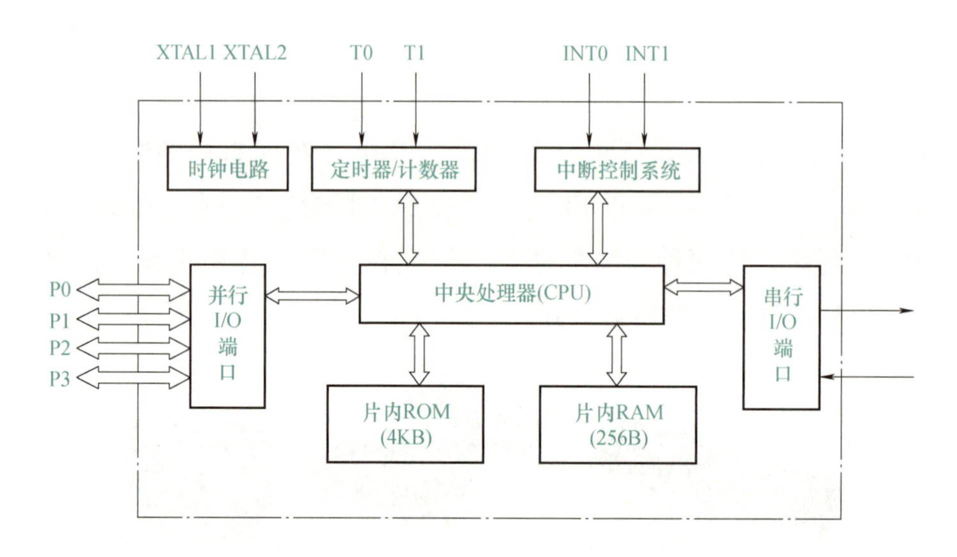

图 1-10　51 系列单片机内部结构图

（1）中央处理器（CPU）

CPU 是单片机内部的核心部件，是一个 8 位的中央处理单元，主要由运算器和控制器组成。运算器用来完成算术运算和逻辑运算功能，它是 51 系列单片机内部处理各种信息的主要部件。控制器主要任务是识别指令，并根据指令的要求控制单片机各功能部件，从而保证单片机各部件能高效而协调地

工作。

（2）存储器

51 系列单片机内部有两种存储器：只读存储器（ROM）和随机存储器（RAM）。ROM 用于存放程序和程序运算中固定的数据，即信息一旦写入就固定下来，因此又被称为程序存储器，断电后数据不会丢失。RAM 用于暂存程序运行时的结果，又被称为数据存储器，可读可写，断电后数据丢失。

（3）并行 I/O 端口

51 系列单片机对外部进行信息交换，包括数据采集和控制输出都是通过 I/O 端口进行的，其内部共有 4 个 8 位的并行 I/O 端口（P0、P1、P2、P3），以实现数据的并行输入/输出。

（4）串行 I/O 端口

51 系列单片机内部有一个全双工异步串行端口，以实现单片机和其他设备之间的串行数据传送。该串行端口功能较强，既可作为全双工异步通信收发器使用，也可作为同步移位器使用。

（5）定时器/计数器

51 系列单片机内部有两个 16 位的定时器/计数器，可以实现定时或计数功能。

（6）中断控制系统

单片机中断是指 CPU 暂停正在执行的程序转而执行中断服务程序，在执行完成中断服务程序后再回到原程序断点处继续执行的过程。51 系列单片机内部有 5 个中断源，即外部中断两个、定时器/计数器中断两个、串行中断一个。中断分为高级和低级两个优先级。

（7）时钟电路

51 系列单片机内部设有时钟电路，只需要外接石英晶体和电容即可。时钟电路为单片机产生时钟脉冲序列。

2. 引脚及其功能

引脚介绍

PDIP 封装的 51 系列单片机共有 40 个引脚，如图 1-11 所示。引脚可分为 I/O 端口、电源端、外接晶体端、控制线、4 个部分。

（1）I/O 端口

51 系列单片机共有 4 个双向的 8 位并行 I/O 端口，分别记作 P0 ~ P3，共有 32 根接口线。

（2）电源端（引脚20和引脚40）

VCC接+5V直流稳压电源，VSS是接地端。

（3）外接晶体端（引脚18和引脚19）

① XTAL1：片内振荡器反相放大器的输入端和内部时钟工作的输入端。当采用内部振荡器时，它接外部石英晶体和微调电容的一个引脚。

② XTAL2：片内振荡器反相放大器的输出端，接外部石英晶体和微调电容的另一端。当采用外部振荡器时，该引脚悬空。

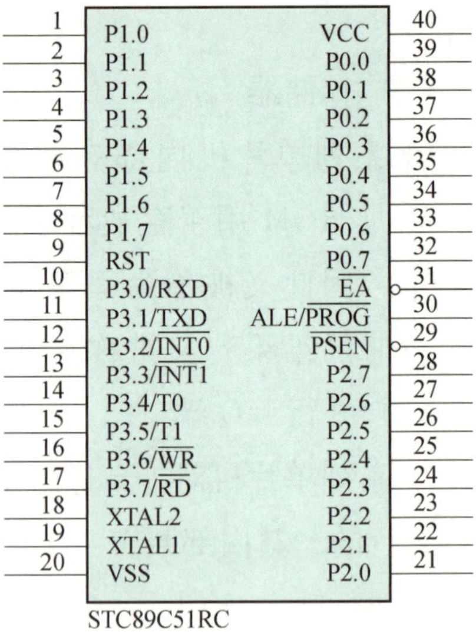

引脚	名称	名称	引脚
1	P1.0	VCC	40
2	P1.1	P0.0	39
3	P1.2	P0.1	38
4	P1.3	P0.2	37
5	P1.4	P0.3	36
6	P1.5	P0.4	35
7	P1.6	P0.5	34
8	P1.7	P0.6	33
9	RST	P0.7	32
10	P3.0/RXD	$\overline{EA}$	31
11	P3.1/TXD	ALE/$\overline{PROG}$	30
12	P3.2/$\overline{INT0}$	$\overline{PSEN}$	29
13	P3.3/$\overline{INT1}$	P2.7	28
14	P3.4/T0	P2.6	27
15	P3.5/T1	P2.5	26
16	P3.6/$\overline{WR}$	P2.4	25
17	P3.7/$\overline{RD}$	P2.3	24
18	XTAL2	P2.2	23
19	XTAL1	P2.1	22
20	VSS	P2.0	21

STC89C51RC

图1-11 51系列（PDIP）单片机的引脚示意图

小贴士

正常工作时，XTAL1和XTAL2两个引脚的对地电位为2V左右，用示波器可以看到晶体振荡器输出的正弦波波形，其频率与晶体的标称值相同。

（4）控制线

51系列单片机的控制线有以下几种：

① RST（引脚9）：复位信号输入端，其高电平有效。当单片机运行时，在此引脚加上持续时间大于两个机器周期（24个时钟振荡周期）的高电平时，就可以完成复位操作，只有完成复位操作后，单片机才能正常工作。在单片机正常工作时，此引脚应为低电平。

② ALE（引脚30）：地址锁存允许信号，当单片机上电正常工作后，ALE引脚不断输出正脉冲信号，此脉冲信号的频率为时钟频率f的1/6。

小贴士

如果想判断单片机芯片是否正常工作，可用示波器查看ALE端是否有正脉冲信号输出。如果有脉冲信号输出，则单片机基本正常。

③ $\overline{PSEN}$（引脚29）：程序存储器允许输出控制端。

④ $\overline{EA}$（引脚31）：内外程序存储器选择控制端。当$\overline{EA}$端为高电平时，单片机访问内部程序存储器。当保持低电平时，不论是否有片内程序存储器，只访问外部程序存储器。当前51系列单片机均使用片内存储器，因此要将$\overline{EA}$端接+5V。

五、51系列单片机的存储结构

51系列单片机的存储空间主要由以下4个部分构成：片内RAM（IDATA）、片外RAM（XDATA）、片内和片外ROM（合称为CODE）。

51系列单片机片内RAM共有256个单元，通常按功能分为低128个单元和高128个单元，低128个单元地址为00H～7FH，高128个单元地址为80H～FFH。

（1）低128个单元（DATA区）

存储结构

片内RAM低128个单元是单片机内部真正的RAM存储器，用于存放程序执行时的各种变量和临时数据。表1-4中给出了该存储区的空间配置情况。

表1-4　51系列片内RAM低128个单元地址空间分配

片内RAM地址空间	片内RAM功能划分	片内RAM地址空间	片内RAM功能划分
00H～07H	第0组工作寄存器	18H～1FH	第3组工作寄存器
08H～0FH	第1组工作寄存器	20H～2FH	位寻址区
10H～17H	第2组工作寄存器	30H～7FH	普通RAM区（堆栈、数据缓冲区）

① 工作寄存器组：地址为00H～1FH的32个单元，是4组通用工作寄存器，每个区8个字节，编号为R0～R7，用户可用指令切换当前的工作寄存器组。工作寄存器组的主要作用是在中断及函数调用时，通过切换到另一个工作寄存器组来实现工作寄存器现场内容的保护，从而实现程序断点保护。

② 位寻址区（BDATA）：地址为20H～2FH的16个单元，是可以进行按位寻址的，共计128位，其位地址为00H～7FH，该区域称为位寻址区（BDATA），这16个单元也可以像其他单元一样进行字节寻址。

③ 普通RAM区：地址为30H～7FH的单元，为普通RAM区，共有80个单元，程序运行时可存放数据或者用于数据缓冲，只能进行字节寻址。使用时通常将堆栈设置在该区域中。

（2）高128个单元（SFR区）

51系列单片机中的CPU对各种功能部件的控制采用特殊功能寄存器

（Special Function Register，SFR）进行集中控制的方式。SFR 实质上是一些具有特殊功能的片内 RAM 单元，字节地址为 80H ~ FFH，SFR 总数为 21 个，离散地分布在该区域，其中有些 SFR 可以进行位寻址。SFR 在 80H ~ FFH 中的分布见附录 1。

特殊功能寄存器通常用寄存器寻址，但也可以用直接寻址方式进行字节访问。其中有 11 个寄存器不仅可以按字节寻址，还可按位寻址（附录 1 中带 * 号的寄存器）操作，其位地址的分配见附录 1。

下面简单介绍 SFR 区中的几个常用寄存器。

① 程序计数器（Program Counter，PC）。PC 是一个 16 位计数器，它的作用是控制程序的执行顺序。其内容为将要执行指令的地址，寻址范围达 64KB。PC 有自动加 1 功能，从而实现程序的顺序执行。

② 累加器（Accumulator，ACC）。ACC 为 8 位寄存器，是最常用的特殊功能寄存器。它既可用于存放操作数，也可用来存放运算的中间结果。

③ 堆栈指针（Stack Pointer，SP）。SP 是一个 8 位的特殊功能寄存器。堆栈是一个特殊的存储区，用来暂存数据和地址，它是按“先进后出”的原则存取数据的。

项目一任务二

任务二　单片机控制点亮 LED 灯

任务描述

目前，市场上有许多用高亮度 LED 制作的彩灯、手电筒和各式小台灯，本任务要求用单片机控制点亮一个 LED 灯。

学习目标

1. 知识目标

1）了解 I/O 端口的控制方法；

2）掌握数制以及进制转换；

3）了解 C51 语言的基本结构。

2. 技能目标

1）掌握用万能实验板搭建电路的方法；

2）熟练使用 Keil C51 软件编写、调试 C51 语言程序，并生成 .HEX 文件；

3）掌握用下载器将程序下载到单片机中的方法。

任务分析

要求在 4 个学时内，完成如下工作：

1）识读电路原理图，明确每一个元器件的作用；

2）根据电路原理图，按照工艺要求焊接并装配电路；

3）绘制程序流程图，编写程序，并进行仿真、调试程序；

4）下载程序，测试电路功能。

制定任务流程图，如图 1-12 所示。

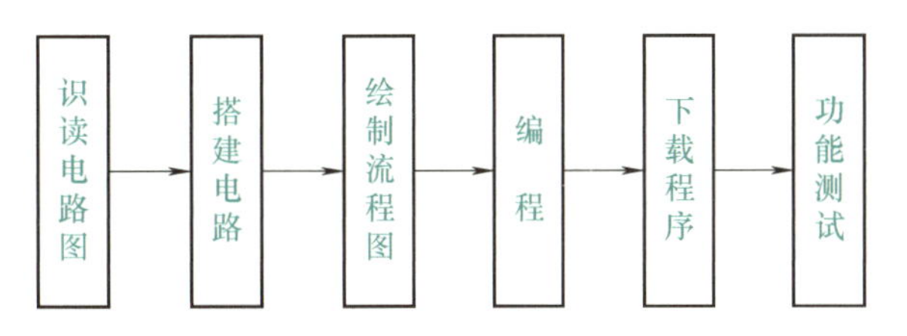

图 1-12　任务流程图

设备、仪器仪表及材料准备

计算机（含相关软件）1 台，USB 转 TTL 单片机下载器 1 个，30W 电烙铁 1 把，数字（或模拟）万用表 1 块，尖嘴钳、斜口钳、裁纸刀各 1 把，细导线、焊锡和松香若干。任务所需元器件见表 1-5。

任务实施

活动一：识读电路图

图 1-13 为 LED 灯控制电路原理图，在最小系统电路基础上增加了一个 LED 灯控制电路，由发光二极管 LED1 和限流电阻 R1 组成。P1.0 输出高电平时，LED1 不发光；P1.0 输出低电平时，LED1 被点亮。为了便于连接下载器，要再增加 4 根排针，分别连接 VCC、GND、RXD 和 TXD。

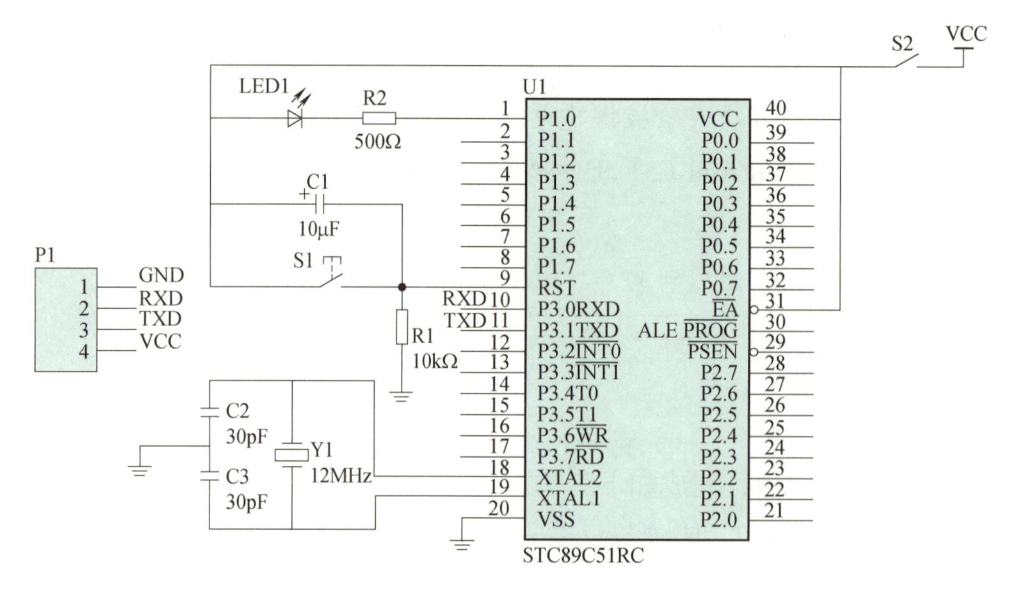

图 1-13　LED 灯控制电路原理图

活动二：用万能实验板搭建硬件电路

本电路所需元器件见表 1-5。

表 1-5　元器件列表

元件名称	元件标号	标称值	元件数量	元件名称	元件标号	标称值	元件数量
电解电容	C1	10μF	1 个	微动开关	S1	6mm×6mm	1 个
瓷片电容	C2、C3	30pF	2 个	自锁开关	S2	8mm×8mm	1 个
电阻	R1	10kΩ	1 个	排针	P1	单排 2.54mm	4 根
电阻	R2	300Ω	1 个	单片机	U1	STC89C51RC	1 个
发光二极管	LED1	φ5mm	1 个	单片机插座		DIP40	1 个
晶振	Y1	12MHz	1 个	单孔万能板		90mm×70mm	1 块

图 1-14 为已经焊好的 LED 灯控制电路板实物图。

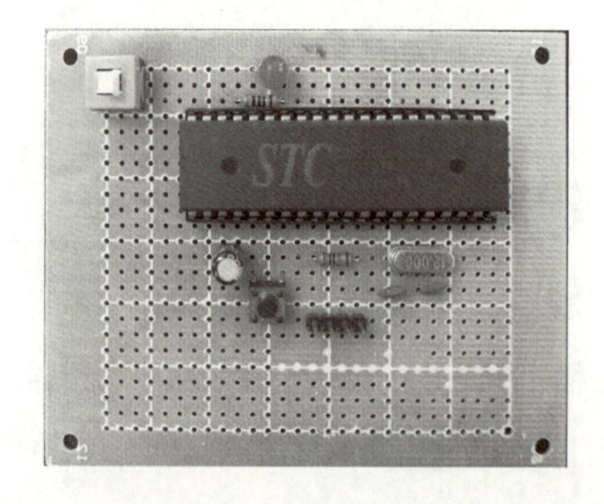

图 1-14　LED 灯控制电路板实物图

活动三：绘制程序流程图，利用 Keil C51 软件编写程序

程序代码及流程图见表 1-6。

表 1-6　程序代码及流程图

程序流程图	程 序 代 码	程 序 注 释
开始	/＊-------点亮一个彩灯.c---------＊/	
↓	#include <reg51.h>	/＊包含 C51 单片机寄存器定义的头文件＊/
P1.0 输出低电平	sbit LED1 = P1^0;	/＊定义位变量 LED1 对应 P1 口的 P1.0 位＊/
↓	void main (void)	/＊所有程序均从 main 函数开始运行＊/
结束	{	
	LED1 = 0;	/＊P1.0 输出低电平＊/
	}	

1. 启动 Keil uVision2

Keil 的使用

单击“开始”菜单，然后单击“程序”项下的“Keil uVision2”就可以启动 Keil uVision2，其工作界面如图 1-15 所示，它由“工程窗”“文档窗”和“输出窗”三个窗口组成。

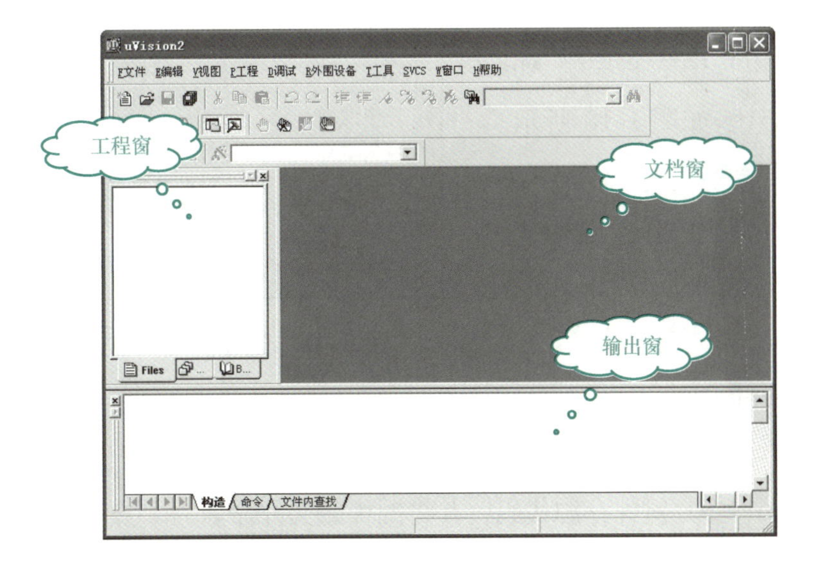

图 1-15　Keil uVision2 工作界面

2. 创建工程文件

具体步骤如下：

1）单击“工程”菜单下的“新建工程”命令（见图1-16），打开“新建工程”对话框。

2）在“新建工程”对话框中输入工程文件名，然后单击“保存”按钮，如图1-17所示。

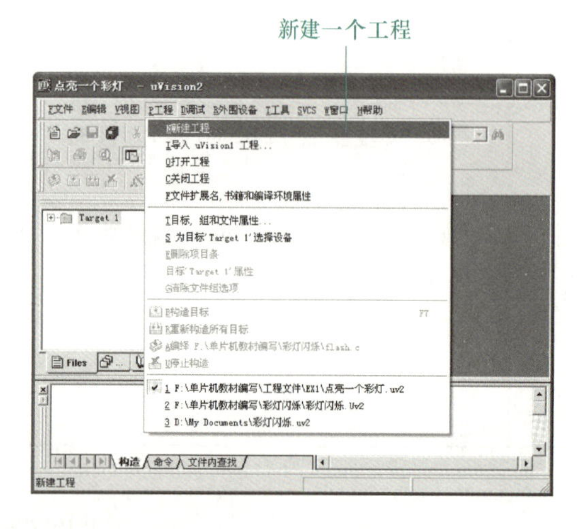

图1-16 “工程”菜单

图1-17 “新建工程”对话框

3）选择单片机型号。从左侧的“数据库内容”栏中选择某公司的一种单片机芯片型号，然后单击“确定”按钮。这里选中的芯片是Atmel公司的AT89C51，如图1-18所示。

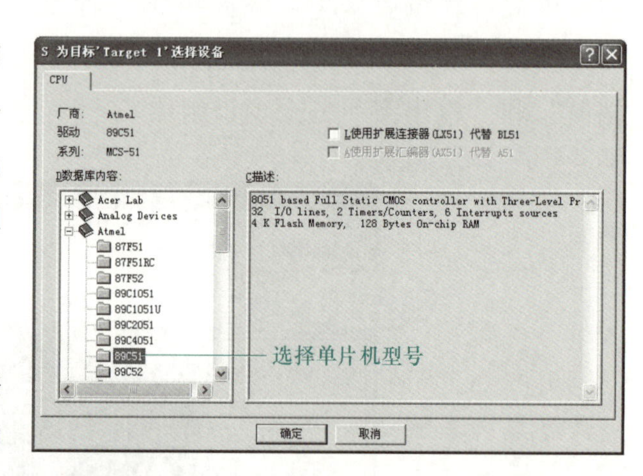

图1-18 选择单片机芯片型号的界面

3. 建立源程序

建立C51源程序文件，并将其添加到本工程文件中，如图1-19和图1-20所示。

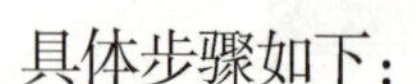

具体步骤如下：

1）单击工具栏中的“新建文件”命令，打开一个新的文档窗口；

2）按〈Ctrl+S〉键保存源代码，并将源程序文件命名为“点亮一个彩灯.c”；

3）将源程序添加到工程文件中。如图1-19所示；

4）在右侧的文档窗口输入源程序代码。如图1-20所示。

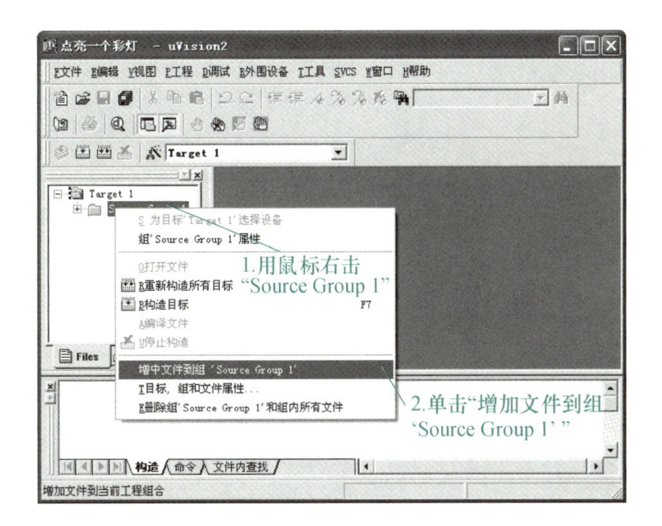

图 1-19　将 C51 源程序加载到工程文件中的界面

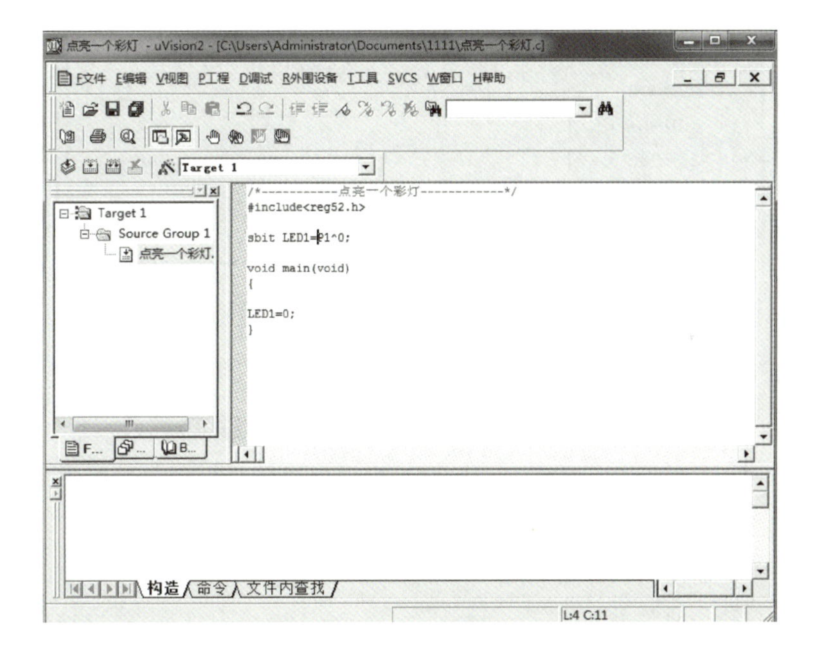

图 1-20　C51 源程序

4. 编译程序，并生成 .HEX 文件

具体步骤如图 1-21 ~ 图 1-23 所示。

单片机的源程序不能直接运行，必须将源程序通过 Keil C51 编译器将其编译成二进制代码文件，然后才可以下载使用，二进制代码文件的扩展名为 .HEX 或 .BIN。

具体步骤如下：

图 1-21 “构造”工具栏

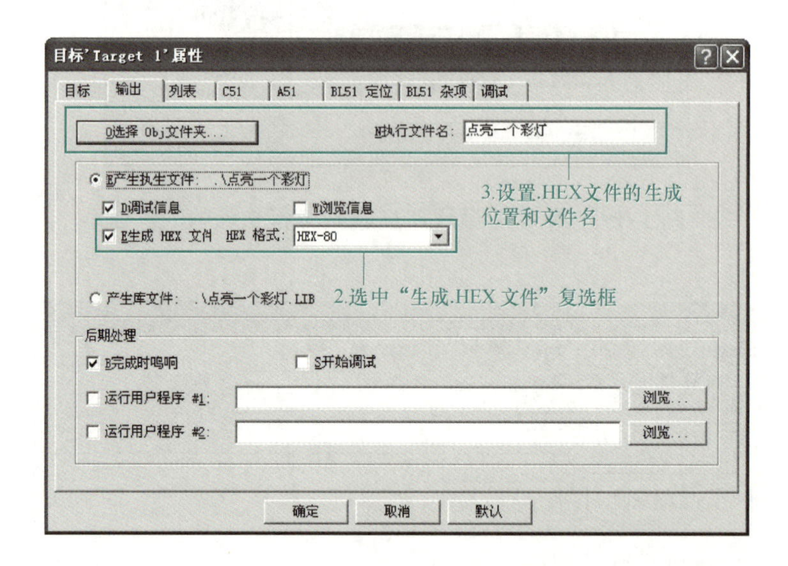

图 1-22 “目标属性”对话框中的“输出”标签界面

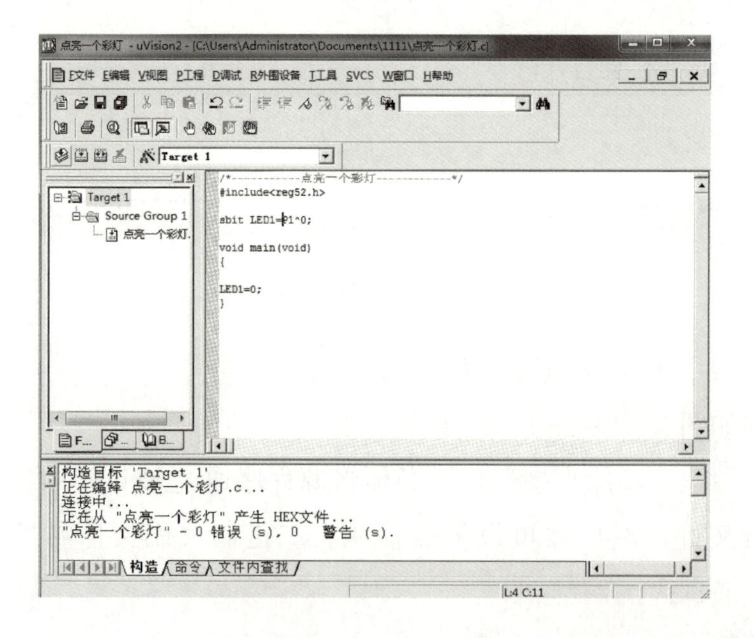

图 1-23 编译程序，生成 . HEX 文件的界面

1）单击“构造”工具栏中的“目标选项”（ ）按钮，打开“目标属性”对话框；

2）单击“输出”标签，选中“生成 . HEX 文件”复选框；

3）设置 . HEX 文件的生成路径和文件名；

4）单击“构造”工具栏中的“构造所有目标文件夹”按钮，可以编译工程中的所有源程序文件，并生成 . HEX 文件。

活动四：下载程序

下载程序方法有很多种，本书主要介绍 USB 转 TTL 串口下载器的使用方法。

操作步骤如下：

程序下载

1）连接硬件。将单片机插入 IC 插座中（注意不要插反），用杜邦线连接下载器与单片机最小系统，把下载器 USB 接口插接到计算机 USB 接口，关闭单片机电路电源开关，如图 1-24 所示。

2）安装 USB to UART Driver 驱动程序。选择“ch341ser. exe”文件，弹出如图 1-25 窗口，单击“安装”按钮，系统自动安装驱动程序。

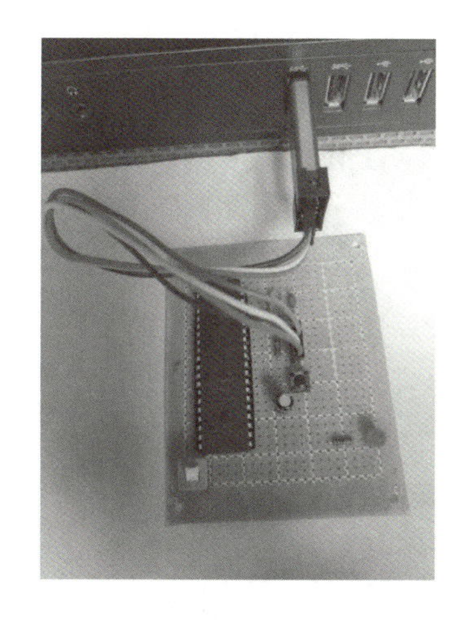

图 1-24　单片机电路、下载器与计算机连接示意图

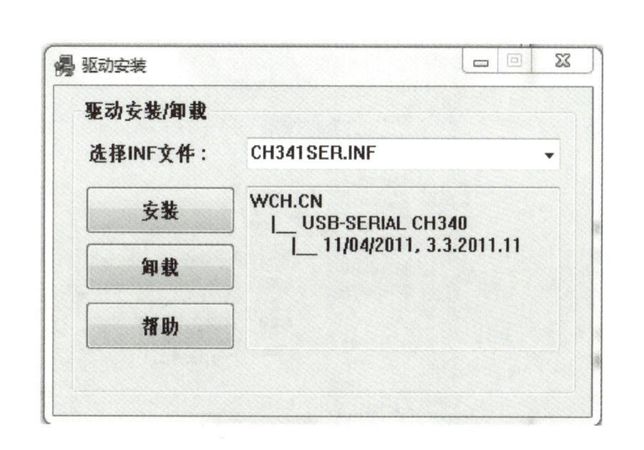

图 1-25　驱动安装窗口

3）启动 STC-ISP 下载软件。双击“stc-isp-15xx-v6.82”图标，启动下载软件，此时系统会自动探测有无下载器存在，如图 1-26 所示选择单片机型号和下载串口号。

4）加载 . HEX 文件。单击如图 1-26 所示界面中的“打开程序文件”按钮，加载一个 . HEX 文件，如图 1-27 所示。

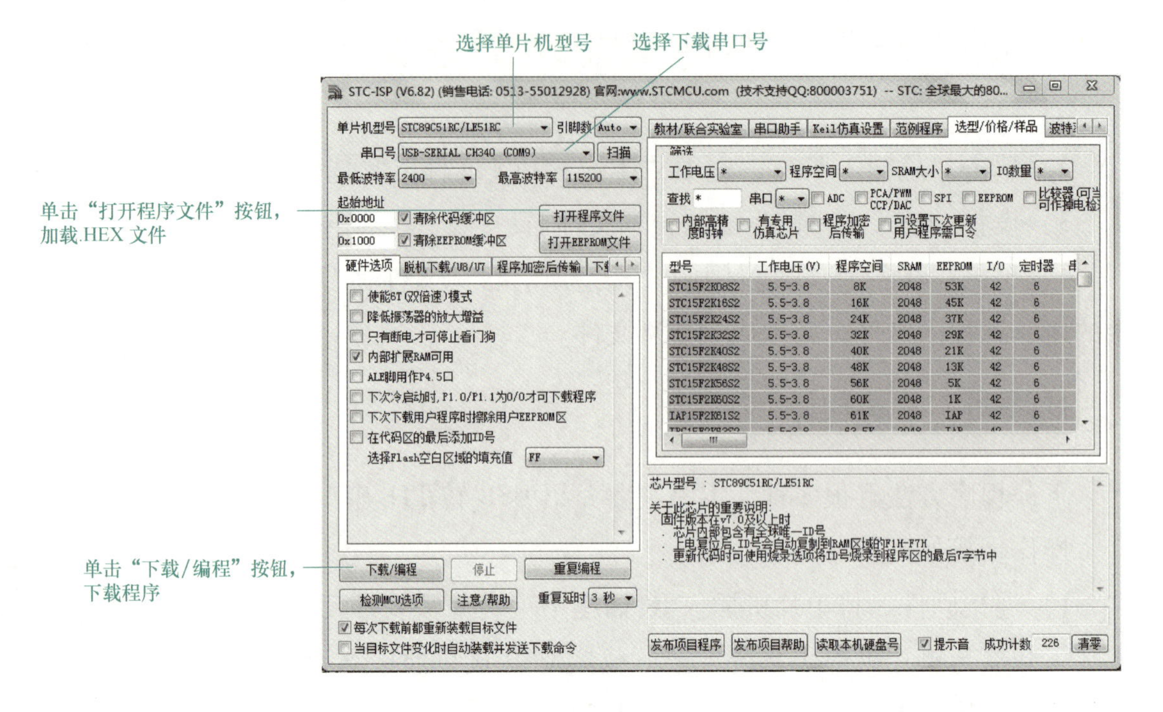

图 1-26　选择单片机型号和下载串口号界面

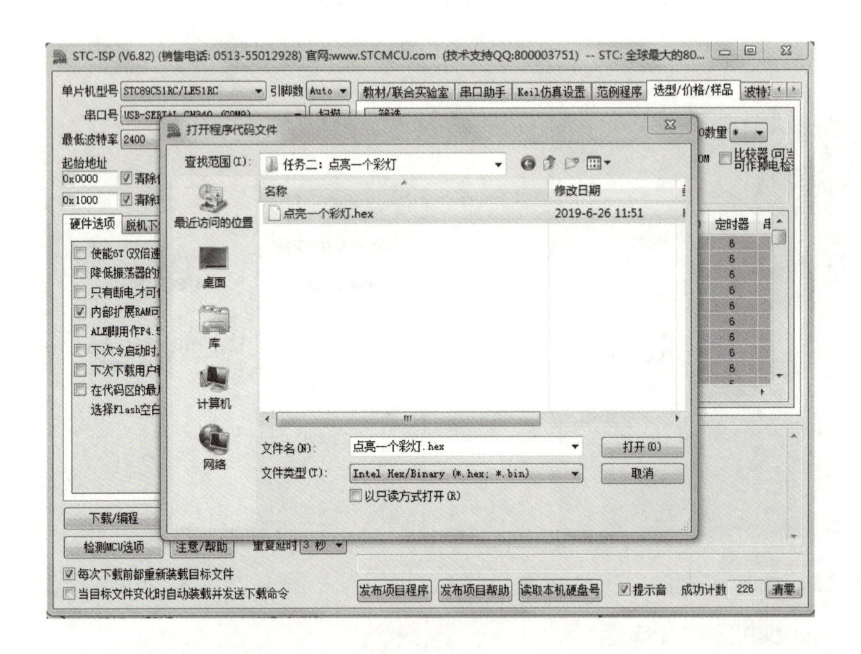

图 1-27　加载 . HEX 文件界面

5）下载程序。单击如图 1-26 所示界面中的“下载/编程”按钮，界面中出现“正在检测目标单片机”字样时（见图 1-28），闭合单片机电路电源，程序自动下载，下载成功界面如图 1-29 所示。

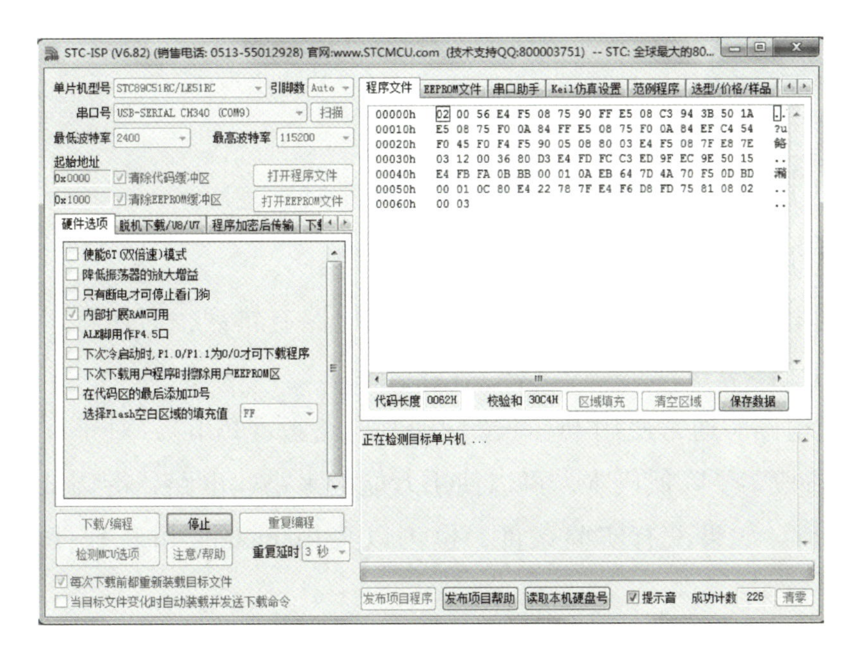

图 1-28　检测目标单片机界面

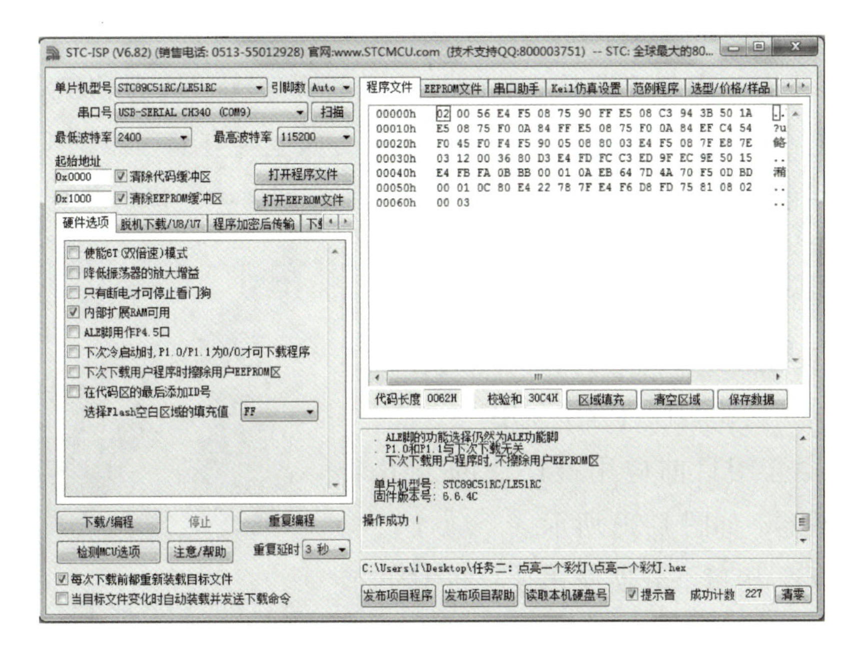

图 1-29　下载成功界面

活动五：功能测试

程序下载到单片机内之后，接通电源，观察电路功能。若出现功能异常，断电检查电路以及程序功能，修改后再次上电测试，直到现象正常。

一、单片机应用与调试过程

单片机应用与调试过程可分为以下几个步骤：

1）绘制电路图。这一步非常关键，如果电路有错误，即使程序正确，也不会得到正确的结果。

2）搭建电路。通常使用 Protel 绘制印制电路板（PCB），对于一些简单的电路，在实验阶段为了降低成本，可以使用万能板来搭建电路，待调试好后，再制作印制电路板。如果没有实验条件，也可以采用 Proteus 仿真软件来搭建虚拟电路。

3）编程。本书使用 Keil 公司的 Keil C51 软件编写程序。

4）仿真调试程序。仿真调试可以利用 Proteus 仿真软件进行，也可以利用仿真器进行。本书采用的是虚拟仿真方式。

5）程序下载。程序下载是指将编译完成的程序（一般为 . HEX 或 . BIN 文件）写入单片机的程序存储器中。程序下载的方式主要有编程器烧写和下载线下载两大类，目前市场上流行的下载线有并行口下载线、串行口下载线和 USB 口下载线。编程器烧写方式适合于大批量生产时使用，烧写的速度比较快。下载线下载的优点是成本低廉，不用来回拔插芯片，可完成在线系统编程，适合于实验实训过程中使用。

本书主要介绍目前应用最广泛的 USB 转 TTL 串口下载器，如图 1-30 所示。

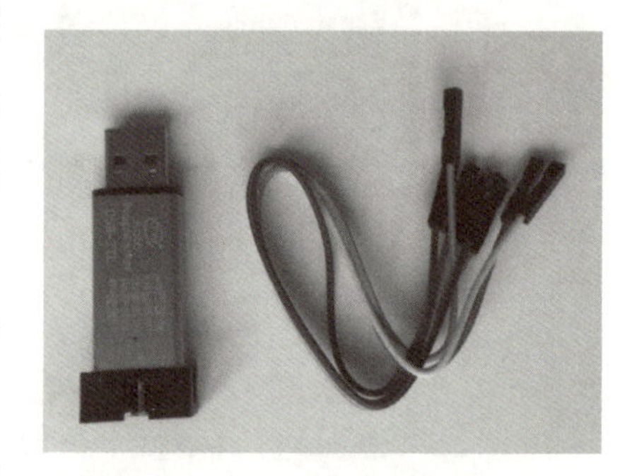

图 1-30　USB 转 TTL 串口下载器

USB 转 TTL 串口下载器使用计算机 USB 接口，与单片机硬件连接简单，共连接4 条线：下载器两条电源线对应单片机电源引脚，下载器上的 RXD 对应单片机的第 11 引脚 TXD，下载器上的 TXD 对应单片机的第 10 引脚 RXD，需配合 STC-ISP 下载软件进行程序下载。

6）功能测试。下载完程序以后，还要进行测试，检查运行结果是否正确，若有问题，则继续检查软、硬件设计是否有错误，经过反复调试，直到结果正确为止。

二、Keil C51 软件简介

Keil C51 是美国 Keil Software 公司开发的 51 系列兼容单片机 C 语言开发系统，与汇编语言相比，C 语言在功能性、结构性、可读性、可维护性上有明显的优势，因而易学易用。

Keil C51 软件提供了丰富的库函数和功能强大的集成开发调试工具，全 Windows 界面。Keil C51 生成的目标代码效率很高，多数语句生成的汇编代码很紧凑，容易理解。在开发大型软件时更能体现高级语言的优势。

uVision 是 C51 for Windows 的集成开发环境（IDE），其工作界面如图 1-31 所示。其可以完成编辑、编译、连接、调试、仿真等整个开发流程。开发人员可用 uVision 本身或其他编辑器编辑 C 或汇编源文件。然后分别由 C51 及 A51 编译器编译生成目标文件（.OBJ）。目标文件可由 LIB51（库文件管理器）创建生成库文件，也可以与库文件一起经 L51（链接器/定位器）连接定位生成绝对目标文件（.ABS）。.ABS 文件由 OH51（obj-hex 转换器）转换成标准的 .HEX 文件，以供调试器 dScope51 或 tScope51 进行源代码级调试，也可由仿真器直接对目标板进行调试，还可以直接写入程序存储器中。

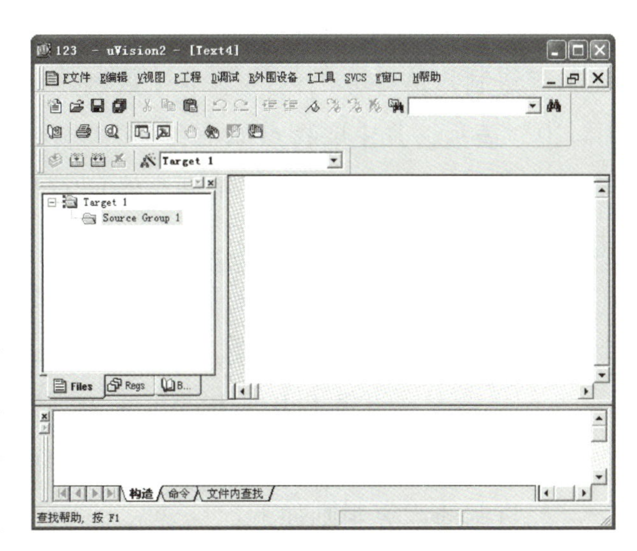

图 1-31　Keil C51 工作界面

.HEX 文件格式是 Intel 公司提出的按地址排列的数据信息，数据宽度为字节，所有数据使用 16 进制数字表示，常用来保存单片机或其他处理器的目标程序代码，一般的编程器都支持这种格式。

三、数制与进制转换

1. 计算机中常用的数制

微型计算机中常用的数制有三种，即二进制数、十进制数和十六进制数。数学中把计数制中所用到的数码符号的个数称为基数。

（1）十进制数

十进制数是我们最熟悉的一种进位计数制，其主要特点：

① 十进数由0、1、2、3、4、5、6、7、8、9十个数码符号构成，基数为10。

② 进位规则是“逢十进一”，一般在数的后面加字母D表示这个数是十进制数。

对于任意的4位十进制数，可以写成如下形式：

$$D_3D_2D_1D_0 = D_3 \times 10^3 + D_2 \times 10^2 + D_1 \times 10^1 + D_0 \times 10^0$$

例如：$1234D = 1 \times 10^3 + 2 \times 10^2 + 3 \times 10^1 + 4 \times 10^0$。

（2）二进制数

二进制数是计算机内的基本计数制，在电路中高电平用“1”表示，低电平用“0”表示，其主要特点如下：

① 二进制数都只由0和1两个数码符号组成，基数是2。分别用来表示数字电路中的低电平和高电平。

② 进位规则是“逢二进一”。一般在数的后面加字母B表示这个数是二进制数。

对于任意的4位二进制数，可以写成如下形式：

$$B_3B_2B_1B_0 = B_3 \times 2^3 + B_2 \times 2^2 + B_1 \times 2^1 + B_0 \times 2^0$$

例如：$1011B = 1 \times 2^3 + 0 \times 2^2 + 1 \times 2^1 + 1 \times 2^0 = 11D$。

二进制的运算规则如下：

加法：0+0=0；0+1=1；1+0=1；1+1=10。

减法：0-0=0；1-0=1；1-1=0；10-1=1。

（3）十六进制数

十六进制数是单片机C51语言编程时常用的一种计数制，其主要特点如下：

① 十六进制数由16个数码符号构成：0，1，2，…，9，A，B，C，D，E，F，其中A、B、C、D、E、F分别代表十进制数的10、11、12、13、14、15，十六进制数的基数是16。

② 进位规则是“逢十六进一”。一般在数的后面加字母H表示这个数是十六进制数。

对于任意的4位十六进制数，可以写成如下形式：

$$H_3H_2H_1H_0 = H_3 \times 16^3 + H_2 \times 16^2 + H_1 \times 16^1 + H_0 \times 16^0$$

例如：$2FCBH = 2 \times 16^3 + 15 \times 16^2 + 12 \times 16^1 + 11 \times 16^0 = 12235D$。

表 1-7 为十进制、二进制和十六进制转换对照表。

表 1-7　十、二、十六进制转换对照表

十进制数（D）	二进制数（B）	十六进制数（H）	十六进制 C51 语言表示方法
0	0000	0	0x00
1	0001	1	0x01
2	0010	2	0x02
3	0011	3	0x03
4	0100	4	0x04
5	0101	5	0x05
6	0110	6	0x06
7	0111	7	0x07
8	1000	8	0x08
9	1001	9	0x09
10	1010	A	0x0a
11	1011	B	0x0b
12	1100	C	0x0c
13	1101	D	0x0d
14	1110	E	0x0e
15	1111	F	0x0f

2. 数制间的转换

将一个数由一种数制转换成另一种数制称为数制的转换。

1）二进制数转换成十进制数。二进制数转换成十进制数是将二进制数按位权展开式展开。

例如：$1011B = 1\times2^3 + 0\times2^2 + 1\times2^1 + 1\times2^0 = 11D$。

2）十进制数转换成二进制数。十进制数转二进制数采用“除 2 取余法”，即将十进制数依次除 2，并记下余数，一直除到商为 0，最后将全部余数按相反次序排列，就能得到二进制数，如图 1-32 所示。例如：44D = 101100B。

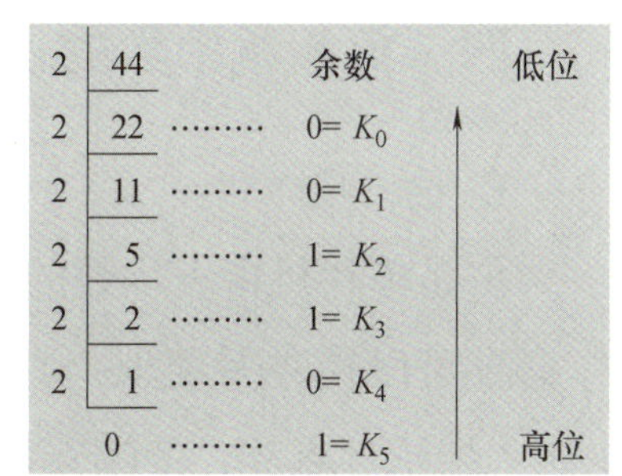

图 1-32　除 2 取余法

3）十六进制数转换成二进制数。十六进制数转换成二进制数的方法是从左至右将待转换的十六进制数的每个数码依次用 4 位二进制数表示。

例如：将十六进制数 2FCH 转换为二进制数。

2　　F　　C

0010　1111　1100

所以，2FCH = 001011111100B。

4）二进制数转换成十六进制数。将二进制数转换成十六进制数的方法是，从右至左，每4位二进制数转换为1位十六进制数，不足部分补0。

例如：将二进制数110111110B转换为十六进制数。

0001　　1011　　1110

1　　　B　　　E

所以110111110B = 1BEH。

3. 二进制数的运算

（1）加法运算

运算规则：0 + 0 = 0；1 + 0 = 0 + 1 = 1；1 + 1 = 10（向高位进位）。

（2）减法运算

运算规则：0 - 0 = 0；1 - 0 = 1；1 - 1 = 0；0 - 1 = 1（向高位借1当作2）。

（3）乘法运算

运算规则：0 × 0 = 0；0 × 1 = 1 × 0 = 0；1 × 1 = 1。

（4）除法运算

除法运算是乘法运算的逆运算。与十进制类似，从被除数最高位开始取出与除数相同的位数，减去除数。

四、单片机中数的表示

1. 位（bit）

位是单片机中表示数的最小数据单位，单片机中位操作非常频繁，使用位操作命令可以使单片机某一端口输出高、低电平，控制输出设备完成不同的动作（如：指示灯点亮、蜂鸣器发声、电机转动等）。

2. 字节（Byte）

每8位二进制数组成一个字节，通常用B表示。由于51系列单片机的数据线是8位的，因此单片机中字节操作非常频繁，单片机P0 ~ P3是8位端口，可以直接输出一个字节的数据。

3. 字长

若干个字节定义为一个字，每个字包含的位数称为字长，不同类型的单片机具有不同的字长，51系列单片机的字长是一个字节，8位。

五、C51 语言的基本结构

1. C51 语言程序结构

下面分析 C51 语言源程序的基本结构。

```
//单彩灯点亮程序
1    #include "reg51.h"          //包含头文件 reg51.h
2    sbit LED1 = P1^0;           //定义位变量 LED1 对应 P1 口的 P1.0 位
3    /*--------- 主函数--------- */
4    void main(void)
5    {
6        while(1)
7        {
8          LED1 = 0;             //P1 口第 0 位输出低电平,彩灯点亮
9        }
10   }
```

第 1 行：头文件。

C51 语言中的“头文件”的作用是将另外一个文件中的内容包含到当前文件中，头文件通常会将一些常用函数的库文件、用户自定义的函数或者变量包含进来。头文件“reg51.h”的作用是将单片机一些特殊功能寄存器包含进来，便于用户使用。

例如在主函数中使用的“P1”就是在“reg51.h”中定义的一个特殊功能寄存器的名称，在“C:\Keil\C51\INC”文件夹中，双击“reg51.h”文件，可以看到以下定义：

```
/*------------------------------------------------------------------------------------------------
REG51.H
Header file for generic 80C51 and 80C31 microcontroller.
Copyright (c) 1988-2001 Keil Elektronik GmbH and Keil Software,Inc.
All rights reserved.
------------------------------------------------------------------------------------------------*/
/*  BYTE Register   */
sfr P0   =0x80;
sfr P1   =0x90;
sfr P2   =0xA0;
sfr P3   =0xB0;
```

其中，P1 已经进行了定义，因此就可以在程序中使用这个特殊功能寄存器。

第 2 行：变量定义。

这里定义了一个位变量“LED1”，表示特殊功能寄存器 P1 口的第 0 位。在单

片机的 C 语言程序设计中，可以通过关键字 sfr 来定义所有专用寄存器，从而在程序中直接访问它们。还可以通过关键字 sbit 来定义专用寄存器中的可寻址位。

第 3 行：注释。

为提高程序的可读性，便于理解程序代码的含义，按照程序书写的规范要求在代码后面要添加一些注释。注释的方式两种：一种是采用“/＊………＊/”的格式；另外一种是采用“//”格式。前者可以注释多行，后者只能注释一行。程序在编译时，不对注释内容进行任何处理。

第 4 ~ 10 行：main( ) 函数。

C51 语言程序执行时，先执行 main( ) 函数，可以在 main( ) 函数中继续调用其他函数。

通过逐行分析，可以看出 C51 语言采用的是一种结构化的程序设计思想，它以函数形式组织程序的基本结构。一个 C51 语言程序由一个或若干个函数组成，每一个函数完成相对独立的功能。main( ) 函数称为主函数，程序的执行总是从主函数开始，每个 C51 语言程序有且只有一个主函数，函数后面一定要有一对大括号 { }，程序就写在大括号中。函数名称前面的 void 为函数类型，void 表示空类型，无返回值。

2. 语句结束标志

C 语言语句必须以“;”作为结束符，一条语句可以多行书写，也可以一行书写多条语句。

任务拓展

任务要求用单片机控制点亮任意 4 个 LED 彩灯（用 P1 口），绘制电路原理图和程序流程图，编写并调试程序。

项目小结

本项目从单片机最小系统制作任务入手，介绍了单片机内部结构、Keil C51 软件的使用、进制转换和 C51 语言的基本结构等知识，通过两个任务进一步学习了单片机基本应用系统的设计方法。

本项目重点内容如下：

1）51 系列单片机主要由中央处理器（CPU）、存储器、并行 I/O 端口、串行

I/O 端口、定时器/计数器、中断系统、时钟电路等部分组成。

2）PDIP 封装的 AT89S51 单片机共有 40 个引脚，引脚可分为 I/O 端口、电源端、控制线、外接晶体端四部分。

3）51 系列单片机的存储空间主要由以下四部分构成：片内 RAM（IDATA）、片外 RAM（XDATA）、片内和片外 ROM（合称为 CODE）。

4）单片机应用与调试过程可分为以下几个步骤：绘制电路图、搭建电路、编程、下载程序、功能测试。

5）Keil C51 是美国 Keil Software 公司开发的 51 系列兼容单片机 C 语言开发系统，与汇编语言相比，C51 语言在功能性、结构性、可读性、可维护性上有明显的优势，因而易学易用。uVision 是 C51 for Windows 的集成开发环境（IDE），可以完成编辑、编译、连接、调试、仿真等整个开发流程。

6）微型计算机中常用的数制有三种，即二进制数、十进制数和十六进制数。

7）位（bit）是单片机中表示数的最小数据单位，每 8 位二进制数组成一个字节。

8）C51 语言采用的是一种结构化的程序设计思想，它以函数形式来组织程序的基本结构。一个 C51 语言程序由一个或若干个函数组成，每一个函数完成相对独立的功能。main( ) 函数称为主函数，程序的执行总是从主函数开始，每个 C51 语言程序有且只有一个主函数，函数后面一定要有一对大括号 { }，程序就写在大括号中。

完成项目评价反馈表，见表 1-8。

表 1-8　项目评价反馈表

评价内容	分　值	自我评价	小组评价	教师评价	综　合	备　注
最小系统电路	50 分					
彩灯控制器	50 分					
合计	100 分					
取得成功之处						
有待改进之处						
经验教训						

项目习题

一、填空题

1. 单片机最小系统包括单片机芯片、电源电路、________电路和________电路。

2.（1）51 单片机的主电源引脚是________和________。外接晶振引脚是________和________，用来外接石英晶振和________组成时钟电路。

（2）控制信号引脚 31 为________，当外接________电平时，CPU 对程序存储器的访问限定在外部程序存储器；当外接________电平时，CPU 访问从内部程序存储器 0～4KB 地址开始，并可以自动延至外部超过 4KB 的程序存储器。

（3）引脚 9 为________，当保持________个机器周期以上________电平时，单片机完成复位操作。

（4）引脚 30 ALE 为________，当访问外部存储器时，ALE 作为低 8 位地址锁存信号。

（5）引脚 29 为________________，当访问外部程序存储器时，该引脚产生负脉冲作为外部程序存储器的选通信号。

3.（1）物理上，MCS-51 单片机有 4 个存储空间，分别是________、________、________、________。

（2）8051 单片机有________字节的程序存储器，片外最多可扩展________字节的程序存储器，片内外采用________编址。

（3）MCS-51 单片机的片内数据存储器共________字节，分为 4 个部分，________单元共 32 个字节为通用工作寄存器区。________单元共 16 个字节，除可按字节寻址外，还可按位寻址，称为位寻址区。________单元共 80 个字节专用于存储数据，称为用户数据存储器区。________单元共 128 个字节，为特殊功能寄存器区。MCS-51 的外部数据存储器空间最大为________字节。

4. SP 叫作________，是一个________位的特殊功能寄存器。它是按“________”的原则存取数据的。单片机复位后，SP 的值为________。

5. 单片机中的程序是以________形式存放在单片机中的。

二、判断题

1. 单片机内部进行数据处理的基本单位是字节。（　　）

2. 编程器的作用是下载程序代码。　（　　）

3. PDIP 封装的 51 单片机共有 20 个引脚。　（　　）

4. 可以使用单片机的片外程序存储器存储程序。　（　　）

5. 所谓机器周期是指 CPU 执行一条指令所需要的时间。　（　　）

6. #include <reg51. h> 与#include “reg51. h” 是等价的。　（　　）

7. 单片机 C 语言程序设计中，用关键字 bit 定义单片机的端口。　（　　）

8. 特殊功能寄存器实质上是一些具有特殊功能的片内 RAM 单元。　（　　）

9. EA =1 时可以使用单片机的片外程序存储器存储程序。　（　　）

10. 单片机 C 语言程序设计中可以不分大小写。　（　　）

三、选择题

1. 10110011B 相当于十进制数（　　）。

A. 183　　B. 167　　C. 179　　D. 198

2. 一个字节包含（　　）二进制数。

A. 8 位　　B. 16 位　　C. 32 位　　D. 64 位

3. 十进制数 76 在 C 语言中表示为十六进制数形式为（　　）。

A. 0x67　　B. 0x76　　C. 0x4c　　D. 0xc4

4. 单片机能直接运行的程序叫作（　　）。

A. 源程序　　B. 汇编程序　　C. 目标程序　　D. 编译程序

5. 支持写入单片机或仿真调试的目标程序的文件格式是（　　）。

A. *.ASM　　B. *.C　　C. *.EXE　　D. *.HEX

四、简答题

1. 什么是单片机？它的内部结构主要有哪几部分？

2. 画出单片机的时钟电路。

3. 什么是机器周期？如何计算？当晶振频率为 12MHz 时，机器周期是多少？

4. 51 单片机常用的复位方法有几种？画出电路图并说明其工作原理。

项目二　单片机控制 LED 灯闪烁

项目描述

在日常生活中经常会看到闪烁的彩灯，本项目要求用单片机控制 8 盏彩灯按照一定规律闪烁。通过本项目的学习，掌握仿真软件 Proteus 的使用方法，进一步熟悉 Keil 软件的使用方法，初步掌握 C51 语言编程基本方法。

任务一　单 LED 灯闪烁

任务描述

用单片机控制 8 盏彩灯中的某一盏彩灯（用 LED 模拟）闪烁，要求亮 1s，灭 1s。

学习目标

1. 知识目标

1）了解 51 单片机并行 I/O 端口的结构；

2）掌握 C51 语言中关键字的概念和常量变量的用法。

2. 技能目标

1）能够熟练完成单片机 I/O 端口的读写操作；

2）学会使用 Keil C51 编写及修改简单的 C51 源程序；

3）能够熟练使用 Proteus 完成单片机简单的仿真调试。

任务分析

在 4 个学时内完成如下工作任务：

1）识图电路原理图，掌握电路中每一个元件的作用；

2）绘制程序流程图，编写程序；

3）绘制仿真电路图，仿真并调试；

4）按照工艺要求，完成电路焊接和装配；

5）下载程序，并进行功能测试。

制定任务流程图，如图 2-1 所示。

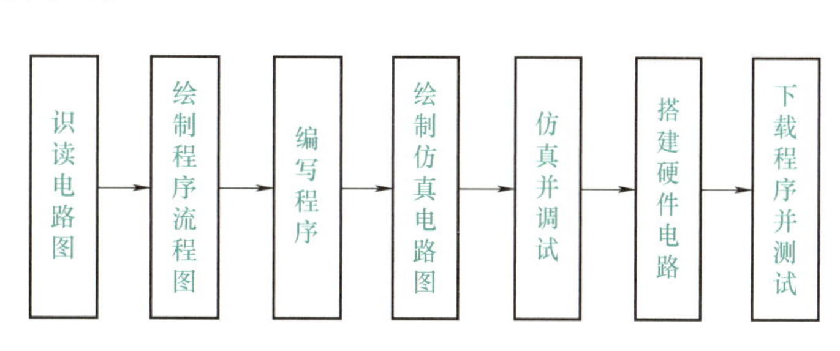

图 2-1　任务流程图

设备、仪器仪表及材料准备

计算机（含相关软件）1 台，USB 转 TTL 单片机下载器 1 个，30W 电烙铁 1 把，数字（或模拟）万用表 1 块，尖嘴钳、斜口钳、裁纸刀各 1 把，细导线、焊锡和松香若干。任务所需元器件见表 1-5。

任务实施

活动一：识读电路图

单彩灯闪烁电路基于单片机最小系统电路设计，在 P1 口增加了一个发光二极管（LED1）和限流电阻（R1）。P1.0 输出高电平时，LED1 不发光；P1.0 输出低电平时，LED1 被点亮。其电路原理图如图 2-2 所示。

活动二：绘制程序流程图

单彩灯闪烁程序流程图如图 2-3 所示，P1 共有 8 个 I/O 端口，当单片机 P1 的某一个端口（例如 P1.0）输出低电平时，LED 灯就会发光，延时 1s 后，P1.0 输出高电平，LED 就会熄灭，如此反复，就可以看到 LED 一直在闪烁。

活动三：编写程序

使用 Keil C51 编写源程序，然后编译，生成 .HEX 文件。

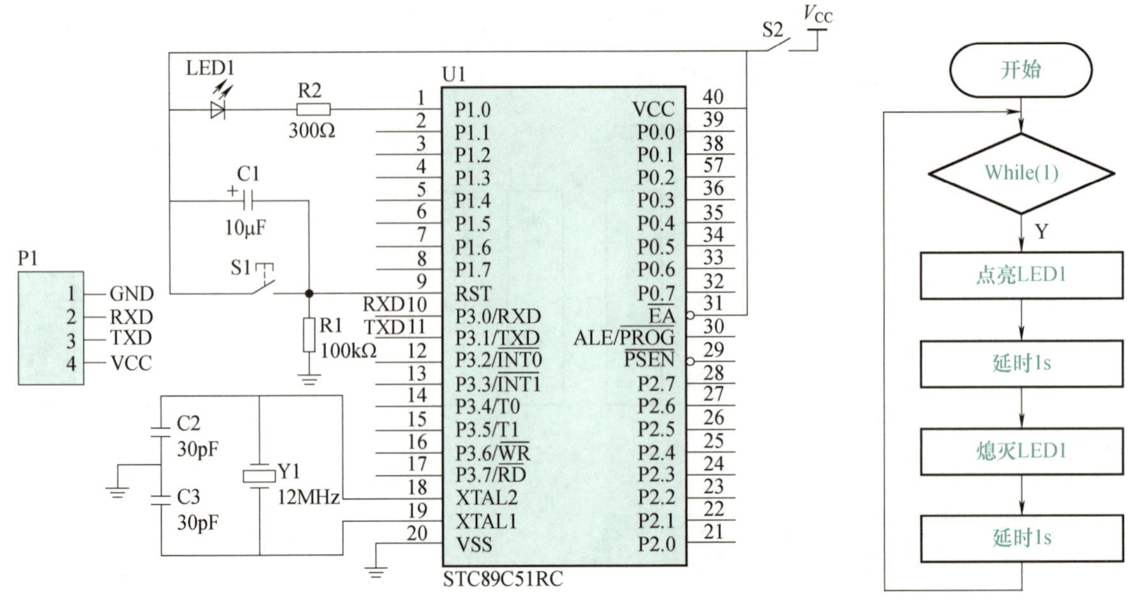

图 2-2　单彩灯闪烁电路原理图

图 2-3　单彩灯闪烁程序流程图

```
//参考程序
#include "reg51.h"              //包含 51 单片机寄存器定义的头文件
#define uint unsigned int       //预编译,简化关键字的书写
#define uchar unsigned char
sbit LED1 = P1^0;               //端口定义
void delay(uint ms);            //函数声明
/*------------------------------主函数------------------------------*/
void main(void)
{
  while(1)                      //无限循环
  {
     LED1 = 0;                  //点亮 LED1
     delay(1000);               //调用延时函数,延时 1s
     LED1 = 1;                  //熄灭 LED1
     delay(1000);               //调用延时函数,延时 1s
  }
}
/*------------------------------延时函数------------------------------*/
void delay(uint ms)
{
    uchar i;
    uint j;
    for(j = 0;j < ms;j ++)
    {
       for(i = 0;i < 125;i ++)
       {;}
    }
}
```

活动四：用 Proteus 绘制仿真电路图

图 2-4 为单彩灯闪烁 Proteus 仿真电路，仿真电路中省略了单片机最小系统中的复位、时钟和电源电路。

软件仿真时最小系统电路可以省略，不影响电路正常工作，实际电路中是不可以省略的。

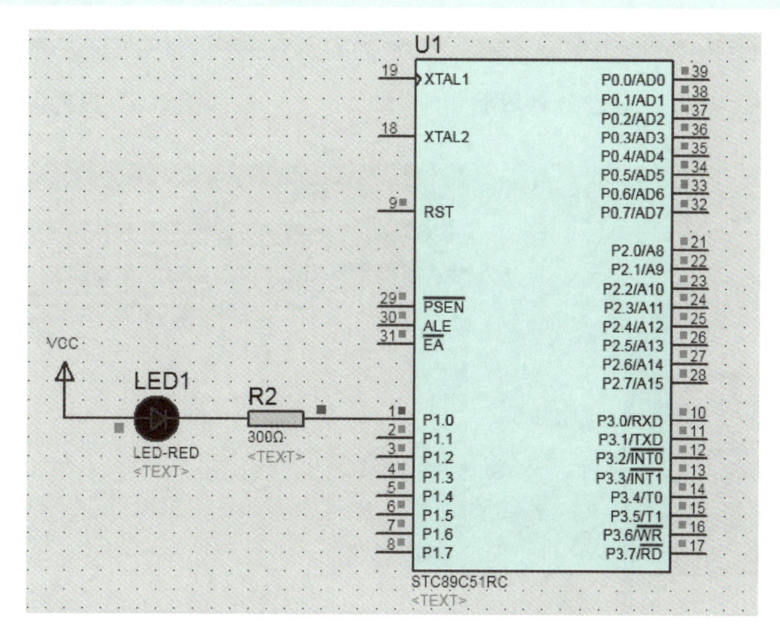

图 2-4　单彩灯闪烁仿真电路图

Proteus 仿真软件的使用

具体操作步骤如下：

1）启动 Proteus 仿真软件。单击“开始”菜单，在“程序”项中选择 Proteus 8 Professional，然后在子菜单中单击 Proteus 8 Professional，启动 Proteus仿真软件，图 2-5为其仿真软件界面。

2）设置图纸大小。单击“系统”菜单中的“设置纸张大小”命令，弹出“设置纸张大小”对话框，设置图纸大小，其默认图纸大小为“A4”，如图 2-6 所示。

3）搜索元件。单击左侧的命令按钮“P”（或按下快捷键〈P〉）（见图2-7），弹出“选择元器件”窗口（Pick Device），如图 2-8 所示。在“关键字”一栏中输入元件的名称“89C51”，这时在结果栏中会出现 89C51 系列芯片，选中其中的“AT89C51”，单击“确定”按钮，进入元件模式如图 2-9 所示。按照上述步骤依次搜索红色发光二极管（LED-RED）和电阻（RES）。

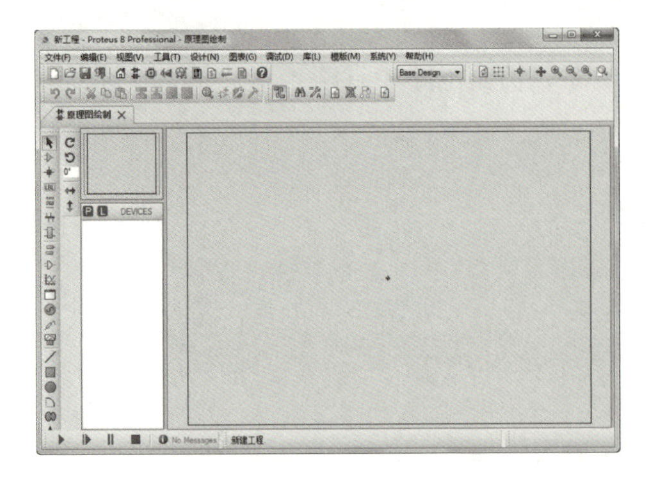

图 2-5　Proteus 仿真软件界面

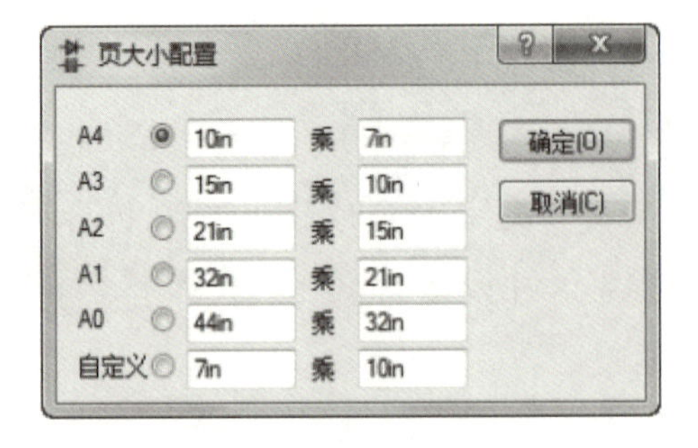

图 2-6　设置图纸大小

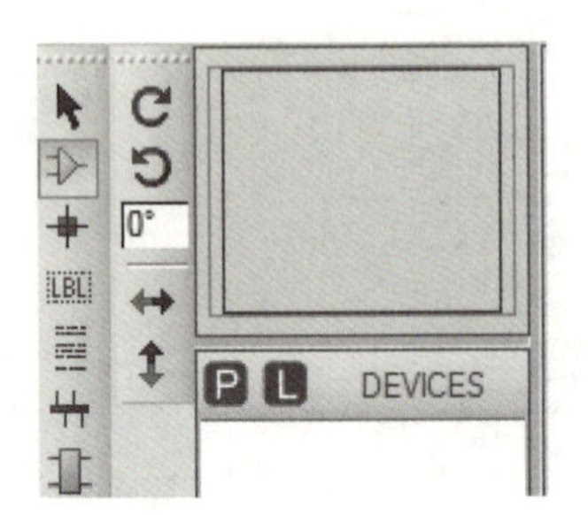

图 2-7　“搜索元件”

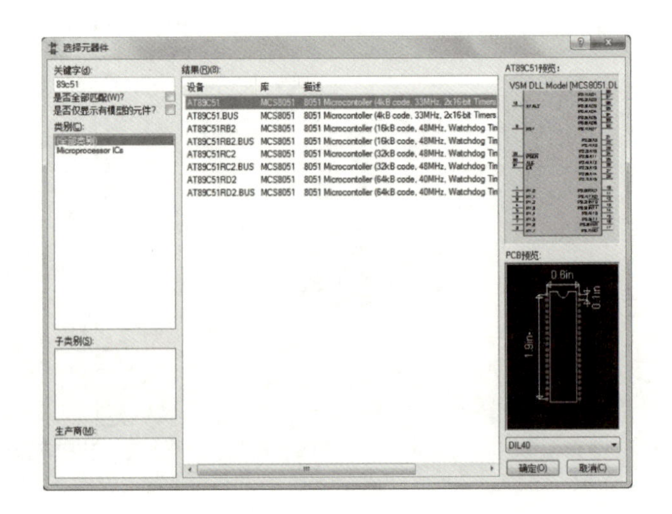

图 2-8　“选择元器件”窗口

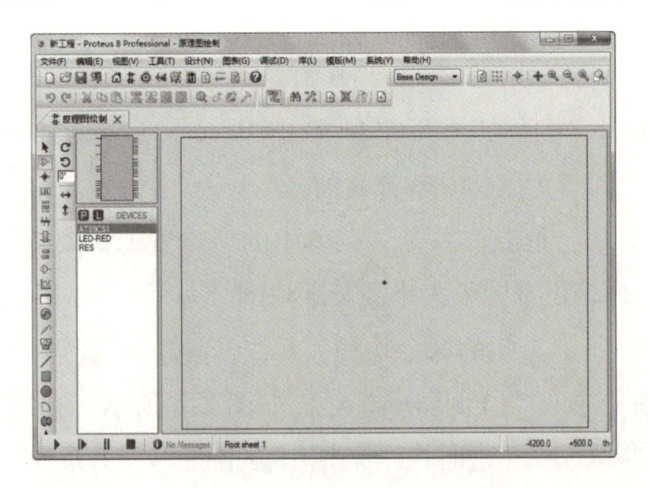

图 2-9　元件模式

4）放置仿真元器件。按照图 2-10 所示步骤，在 Proteus 工作窗口依次放置单片机（AT89C51）、发光二极管（LED-RED）和电阻（RES）。放置完成的元器件如图 2-11 所示。

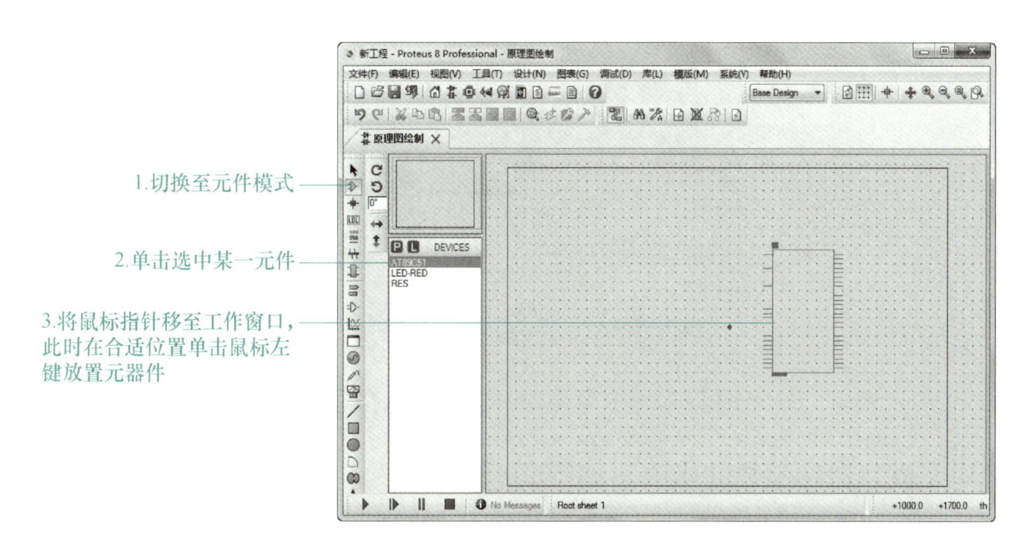

图 2-10　放置仿真元器件界面

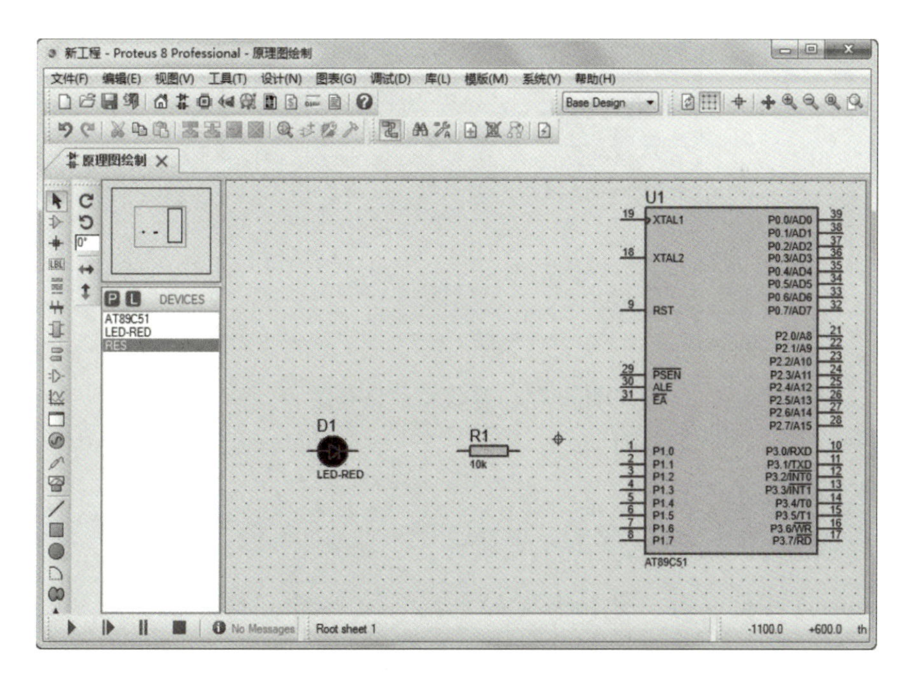

图 2-11　放置完成的元器件界面

5）放置电源端符号，连接导线。按照图 2-12 所示步骤设置电源端符号，然后根据原理图拖动鼠标连接导线。

6）修改元器件参数和网络标号。双击要修改参数的元器件，在“编辑元件”

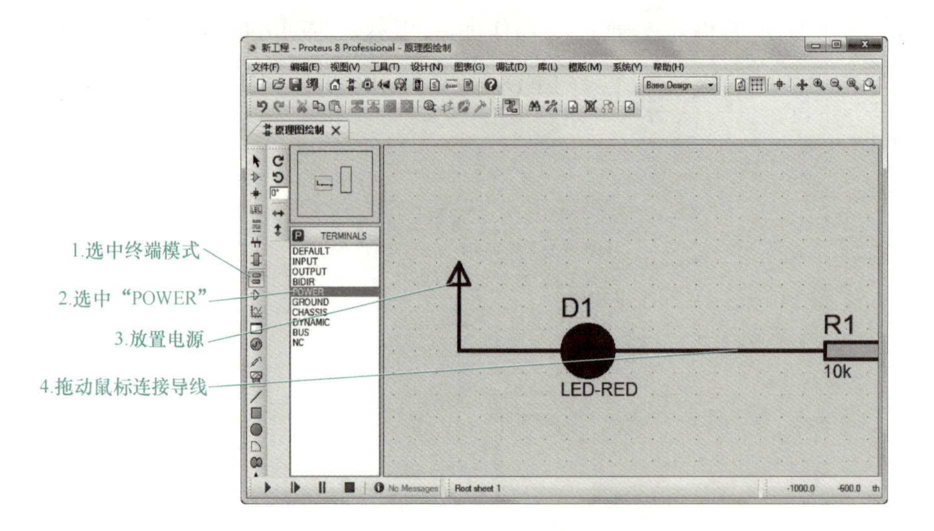

图 2-12　放置电源端符号，连接导线

对话框中完成元器件参数的修改，如图 2-13 所示。

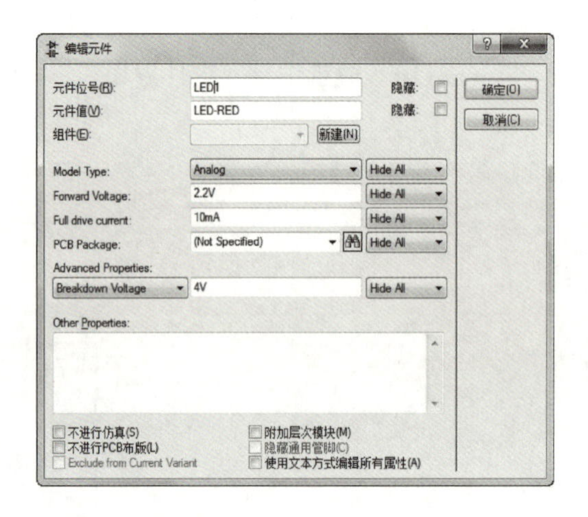

图 2-13　修改元器件参数

Proteus 电路仿真时，复位和时钟电路可省略掉，单片机电源端与接地端被隐藏，默认的网络标号分别为 VCC 和 GND。

7）保存文件。按〈Ctrl + S〉键保存工程，Proteus 仿真工程文件扩展名为“. pdsprj”。也可以选择“文件”菜单的“另存为”选项，为工程文件另命名为“单彩灯闪烁”。

活动五：软件仿真，调试程序

软件仿真和调试程序具体步骤如下：

1）启动 Proteus 仿真软件，双击打开“单彩灯闪烁”仿真电路图；

2）双击要编辑的单片机元件，弹出“编辑元件”对话框，如图 2-14 所示；

3）单击“Program File”栏右侧的文件夹，找到要加载的 . HEX 文件；

4）设置晶振频率为“12MHz”，单击“确定”按钮；

5）单击左下角的“仿真”工具栏（见图 2-15）中的“开始”按钮，开始仿真操作，观察仿真结果，如图 2-16 所示。

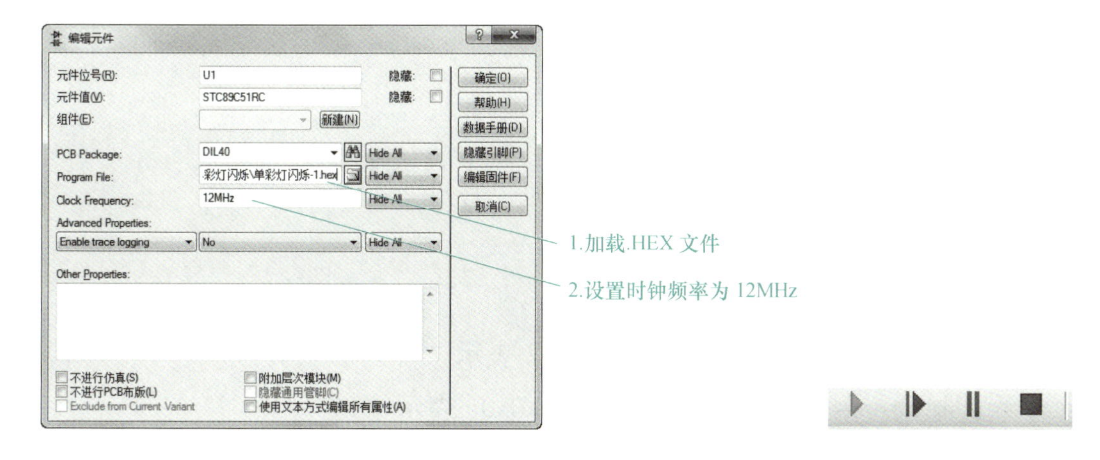

图 2-14　加载 . HEX 文件界面　　　　图 2-15　仿真工具栏

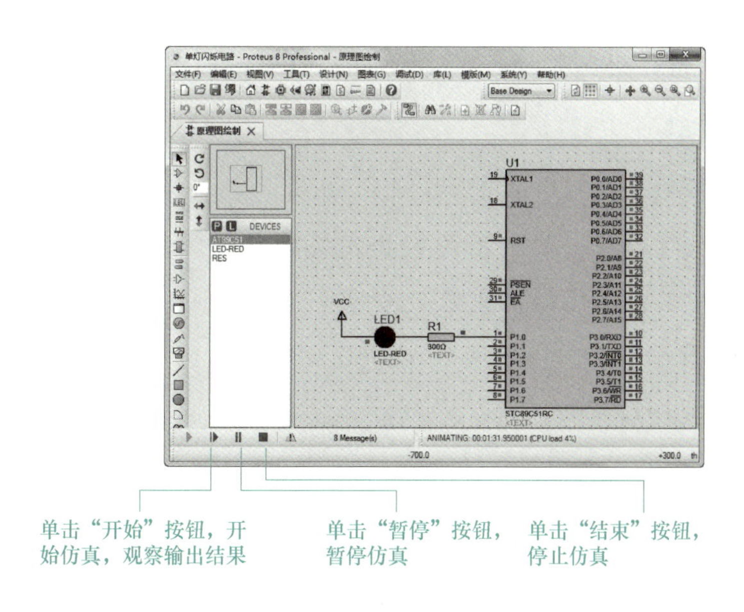

图 2-16　仿真操作过程

活动六：用万能实验板搭建硬件电路

硬件电路参考项目一中的任务二。

活动七：下载程序，验证功能

将单片机插接在电路板的 DIP40 IC 插座上，使用下载器将 .HEX 文件下载到单片机芯片中，在电源和接地端加上 5V 直流稳压电源，观察实际效果。

知识链接

一、C51 语言的常量与变量

1. 常量

在程序运行中，其值不能改变的量称为“常量”。

1）整型常量。

十进制数：直接书写，如 12，－12；

八进制数：在数值前面加“0”，如 012 表示“10”；

十六进制数：在数值前面加“0x”，如 0x0e 表示“14”。

2）实型常量：如 23.14。

3）字符型常量：数据两边加单引号，如'a'。

4）浮点型常量：采用科学计数法，如 2.3E5 表示 2.3×10^5。

注意

在程序开头可以将一些常用的数据定义为符号常量，以便在后续程序中调用，在程序中其值不能随意更改。

其格式如下：

```
const PI =3.1415926;
```

2. 变量

在程序运行中，其值可以改变的量称为“变量”。每个变量都有一个变量名，在内存中占据一定的存储空间，并在该内存单元中存放该变量的值。

变量必须先定义后使用，变量的定义格式如下：

［存储种类］数据类型　［存储器类型］　变量名表；

定义变量名必须符合标识符的命名规则：

1）要用合法的字符，如字母、数字和下划线，但第一个字符不能是数字。

2）字母大小写是有区分的，MS 和 ms 不是同一个变量名。

3）其长度一般为 8 个字符。

4）给变量起名字最好要有意义，便于记忆且增加程序的可读性。

C51 语言中变量主要由以下几种：

1）位变量（bit）。变量的类型是位，位变量的值为 0 或 1。

2）字符型变量（char）。字符型变量的长度为 1 个字节（1B），即 8 位。这是最适合 51 单片机的变量，因为 51 单片机每次可以处理 8 位数据。无符号字符型（unsigned char）变量的数值范围为 0 ~ 255，有符号变量为 -127 ~ 128。

3）整型变量。整型变量通常可分为 4 个类型：一般整型（int）、短整型（short）、长整型（long）、无符号型。其中，无符号型有无符号整型（unsigned int）、无符号短整型（unsigned short）和无符号长整型（unsigned long）。整型变量的字节长度和取值范围见表 2-1。

表 2-1　整型的字节长度和取值范围

数据类型	字节长度	取值范围
int	2	-32768 ~ 32767
short	2	-32768 ~ 32767
long	4	-2147483648 ~ 2147483647
unsigned int	2	0 ~ 65535
unsigned short	2	0 ~ 65535
unsigned long	4	0 ~ 4294967295

4）浮点型变量。浮点型变量分为单精度（float）和双精度（double）变量两种，单精度变量长度为 4 个字节（32 位），双精度变量长度为 8 个字节（64 位）。

实际使用这些数据类型时，应尽量避免使用有符号的数据类型，因为单片机处理无符号数更容易，生成的指令代码更简洁，另外还要尽量避免使用浮点数据类型，因为使用浮点数时，C 编译器需要调用库函数，使程序变得庞杂，运算速度变慢。常用的数据类型有“bit”和“unsigned char”，这两种数据类型可以直接支持机器指令，运算速度最快。

注意

在编程时，为了书写方便，经常使用简化的缩写形式来定义变量的数据类型。其方法是在源程序开头使用宏定义语句#define。

例如：

```
#define uchar unsigned char
#define uint unsigned int
uchar x，y;
uint a;
```

二、C51 语言的关键字

C51 语言编程时，有一组特殊意义的字符串，即“关键字”，这些关键字已经被软件本身使用，不能再作为常量、变量和函数的名称使用。C51 语言的关键字分为以下两大类：

1. 由 ANSI 标准定义的关键字

1）数据类型关键字：用来定义变量、函数或其他数据结构的类型，如 int、unsigned char 等；

2）控制语句关键字：程序中起控制作用的语句，如“while、if、case”等；

3）预处理关键字：表示预处理命令的关键字，如“include、define”等；

4）存储类型关键字：表示存储类型的关键字，如“auto、extern、static”等；

5）其他关键字：如“sizeof、const”等。

由 ANSI 标准定义的关键字共有 32 个：char、double、enum、float、int、long、short、signed、struct、union、unsigned、void、break、case、continue、default、do、else、for、goto、if、return、switch、while、auto、extern、register、static、const、sizeof、typedef、volatile。

2. Keil C51 编译器扩充的关键字

1）访问 51 单片机内部寄存器关键字。Keil C51 编译器扩充了关键字 sfr 和 sbit，用于定义单片机中的特殊功能寄存器和其中的某一位。其定义方法如下：

① 特殊功能寄存器：如，sfr P1 =0x90;//定义地址为“0x90”的特殊功能寄存器的名称为 P1。

② 特殊功能寄存器中的某一位：如，sbit　LED2 = P1^2；//位定义 LED2 为 P1. 2（特殊功能寄存器 P1 的第 2 位）。

2）51 系列单片机存储类型关键字。Keil C51 编译器扩充了 6 个关键字，用于定义 51 单片机变量的存储类型，见表 2-2。

表 2-2　51 系列单片机存储类型关键字

存储类型	与 51 单片机存储空间的对应关系
data	默认存储类型，可直接寻址片内 RAM，访问速度最快（128 个字节）
bdata	可位寻址片内 RAM，允许位与字节混合访问（16 个字节）
idata	间接寻址片内 RAM，可访问片内全部 RAM 空间（256 个字节）
pdata	分页寻址片外 RAM
xdata	可访问片外 RAM（64KB）
code	可访问 ROM 存储区，常用于存储程序和数据表，只能读取数据

三、电路仿真软件 Proteus 简介

Proteus 是英国 Labcenter 公司开发的电路分析与仿真及印制电路板设计软件，主要由 ISIS 和 ARES 两部分组成，ISIS 的主要功能是原理图设计及与电路原理图的交互仿真；ARES 主要用于印制电路板的设计。本教材主要使用 ISIS，该软件的主要特点如下：

1）其具有模拟电路仿真、数字电路仿真、单片机系统仿真等功能；且其具有各种虚拟仪器：如示波器、逻辑分析仪、信号发生器等。

2）其支持多种类型的单片机，如 68000 系列、8051 系列、AVR 系列、PIC12 系列、PIC16 系列、PIC18 系列、Z80 系列、HC11 系列等。

3）其支持各种存储器和外围芯片。图 2-17 为 Proteus 8 的工作界面。

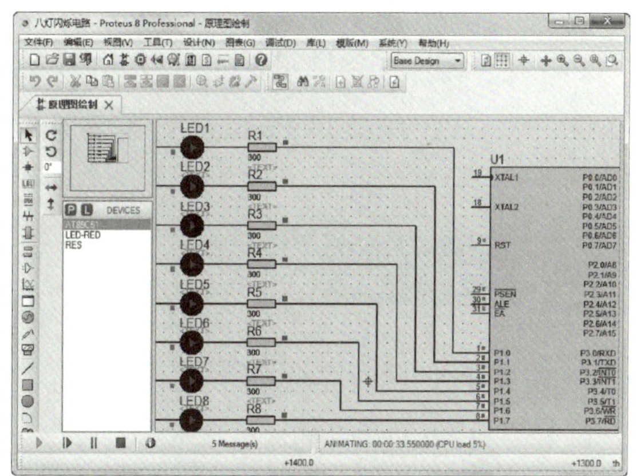

图 2-17　Proteus 8 的工作界面

任务拓展

1. 将彩灯闪烁速度提高 1 倍

要求：绘制程序流程图，编写 C51 源程序，使用仿真软件进行调试，验证其功能。

操作提示：修改延时时间。

2. 两盏彩灯轮流闪烁

操作提示：使用P1口的P1.0和P1.1，当P1.0为高电平时，让P1.1为低电平，两个端口的电平正好相反即可。

要求：绘制电路原理图和程序流程图，编写C51源程序，使用仿真软件进行调试，验证其功能。

任务二　八盏彩灯同时闪烁

任务描述

用单片机控制8盏彩灯（LED）同时闪烁，要求亮1s，灭1s。

学习目标

1. 知识目标

1）了解51单片机并行I/O端口的结构；

2）掌握C51语言函数的定义、声明、调用方法。

2. 技能目标

1）能够熟练完成单片机I/O端口的读写操作；

2）学会使用Keil C51编写及修改简单的C51源程序；

3）能使用Proteus完成单片机应用系统的仿真与调试。

任务分析

在4个学时内完成如下工作任务：

1）识读电路原理图。

2）绘制程序流程图，编写程序。

3）绘制仿真电路图，仿真并调试。

4）按照工艺标准，焊接和装配电路。

5）下载程序，并进行功能测试。

制定工作任务流程图，如图2-18所示。

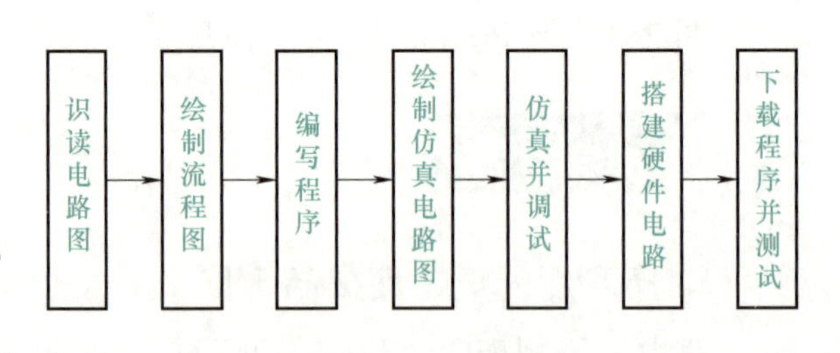

图2-18　工作任务流程图

设备、仪器仪表及材料准备

计算机（含相关软件）1 台，USB 转 TTL 单片机下载器 1 个，30W 电烙铁 1 把，数字（或模拟）万用表 1 块，尖嘴钳、斜口钳、裁纸刀各 1 把，细导线、焊锡和松香若干。任务所需元器件见表 2-4。

任务实施

活动一：识读电路图

8 盏彩灯闪烁电路原理图如图 2-19 所示。在最小系统基础上，P1 口外接 8 个发光二极管（LED1 ~ LED8）和 8 个 300Ω 的限流电阻（R2 ~ R9），当 P1 口输出低电平时，发光二极管（LED1 ~ LED8）就会被点亮。

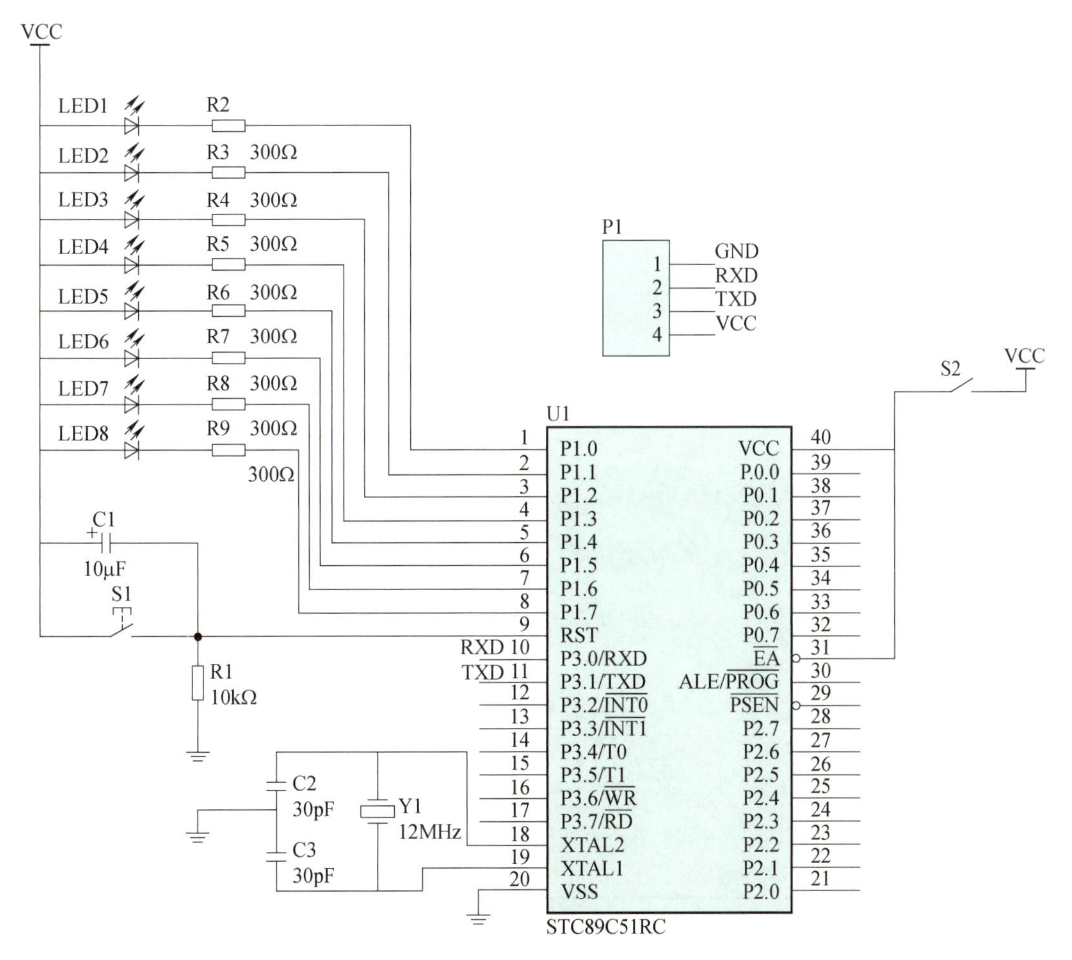

图 2-19　8 盏彩灯闪烁电路原理图

活动二：绘制流程图

P1 共有 8 个 I/O 端口，当单片机 P1 的任意一个端口输出低电平时，彩灯就会被点亮，输出高电平时，彩灯就会被熄灭，中间延时 1s，由此产生闪烁效果。8 盏彩灯闪烁程序流程图如图 2-20 所示。

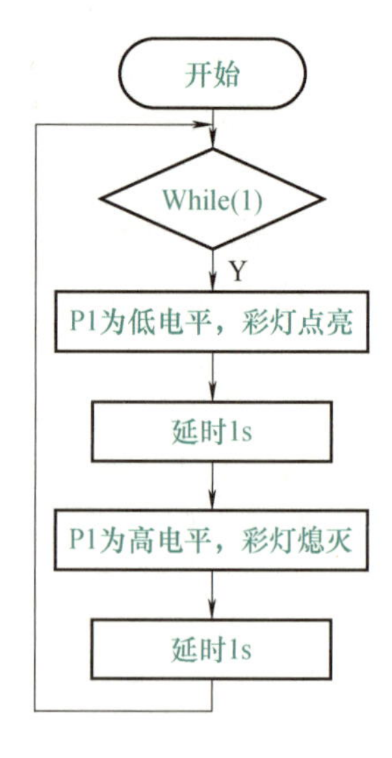

图 2-20　8 盏彩灯闪烁程序流程图

活动三：编写程序

使用 Keil C51 编写源程序，然后编译，生成 .HEX 文件。

参考程序与注释见表 2-3。

表 2-3　参考程序与注释

程序代码	注　释
#include "reg51. h"	//头文件
#define uint unsigned int	//预编译，简化关键字的书写
#define uchar unsigned char	
void delay(uint ms);	//函数声明
/* --------- 主函数--------- */	
void main(void)	
{	
while(1)	//死循环，反复执行彩灯闪烁任务
{	
P1 =0x00;	//P1 置为低电平，彩灯点亮
delay(1000);	//调用延时函数，延时 1s
P1 =0xff;	//P1 置为高电平，彩灯熄灭
delay(1000);	//调用延时函数，延时 1s
}	
}	
/* ------延时函数--------- */	
void delay(uint ms)	
{	
uchar i,j;	//定义变量 *i* 和 *j* 为无符号的字符型变量
for(i =0;i < ms;i ++)	/*利用 for 循环语句产生空操作，达到延时目的*/
{	
for(j =0;j <125;j ++)	
{;}	
}	
}	

活动四：用 Proteus 绘制仿真电路图

图 2-21 为 8 盏彩灯闪烁 Proteus 仿真电路，仿真电路中省略了单片机最小系统中的复位、时钟和电源电路。

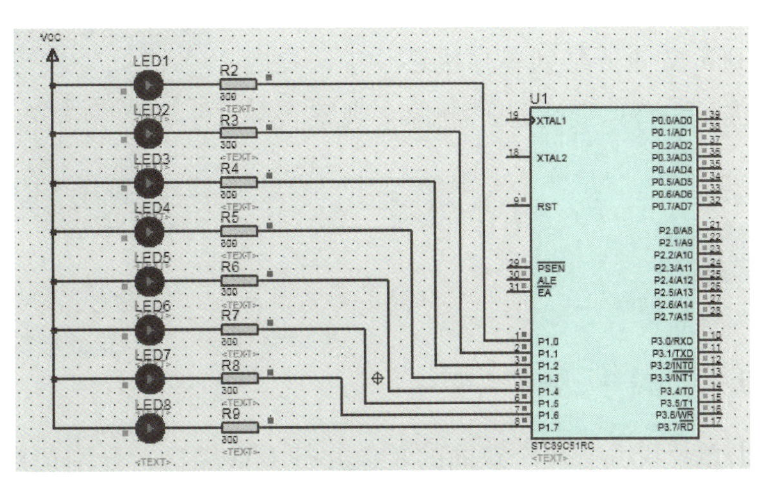

图 2-21　8 盏彩灯闪烁仿真电路图

注意

软件仿真时最小系统电路可以省略，不影响电路正常工作，实际电路中是不可以省略的。

活动五：用 Proteus 进行软件仿真调试

由读者自行完成软件仿真，并调试程序的任务。

活动六：用万能实验板搭建硬件电路

本电路所需元器件见表 2-4。

表 2-4　8 盏彩灯闪烁电路元器件列表

元件名称	元件标号	标称值	元件数量	元件名称	元件标号	标称值	元件数量
电解电容	C1	10μF	1 个	微动开关	S1	6mm×6mm	1 个
瓷片电容	C2、C3	30pF	2 个	自锁开关	S2	8mm×8mm	1 个
电阻	R1	10kΩ	1 个	排针	P1	单排 2. 54mm	4 根
电阻	R2～R9	300Ω	8 个	单片机	U1	STC89C51RC	1 个
发光二极管	LED1～LED8	ϕ5mm	8 个	单片机插座		DIP40	1 个
晶振	Y1	12MHz	1 个	单孔万能板		90mm×70mm	1 块

图 2-22 为已经完成的电路板实物图。

图 2-22　8 盏彩灯闪烁电路板实物图

活动七：下载程序，验证功能

将单片机插接在电路板的 DIP40 IC 插座上，使用下载器将 .HEX 文件下载到单片机芯片中，在电源端和接地端加上 +5V 直流稳压电源，观察实际效果。

知识链接

一、51 单片机 I/O 端口结构

P0 ~ P3 端口工作原理

51 单片机共有 4 个双向的 8 位并行 I/O 端口，分别记作 P0 ~ P3，共有 32 根接口线。

1. P0 口（见图 2-23）

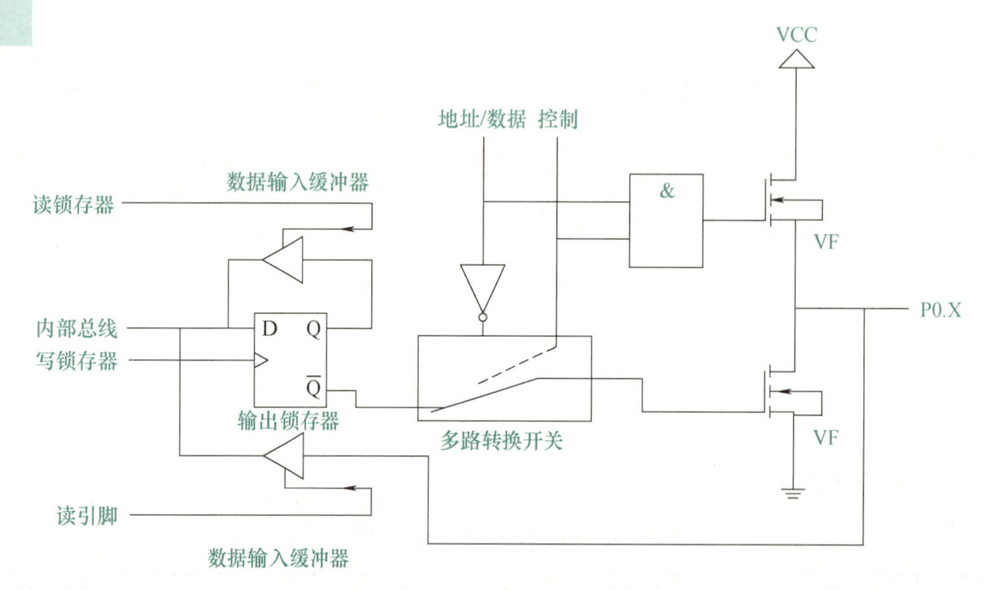

图 2-23　P0 口结构图

P0 口可以作为单片机系统的地址/数据线使用，也可以作为通用 I/O 端口使用。当作为通用 I/O 端口使用时，P0 口是一个三态双向 I/O 端口，需要外接上拉电阻。

调试经验

P0 口当作通用 I/O 端口使用时，必须外接 10kΩ 的上拉电阻。上拉电阻则是将电平拉高，通常用 4.7～10kΩ 的电阻接到电源端，下拉电阻则是把电平拉低，电阻连接到接地端。

2. P1 口（见图 2-24）

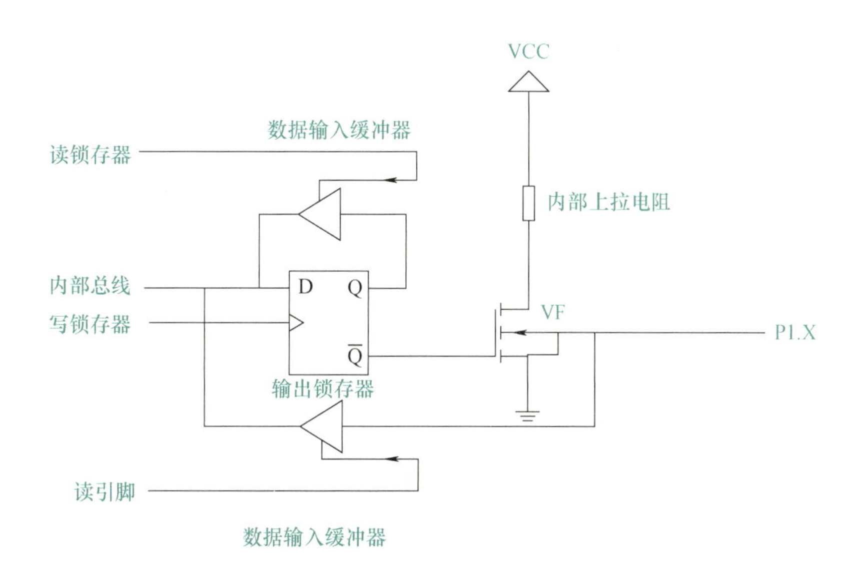

图 2-24　P1 口结构图

P1 口是一个准双向口，只作通用的 I/O 端口使用；输出电路中有上拉电阻。所以 P1 口作为输出端口使用时不需外接上拉电阻。

3. P2 口（见图 2-25）

P2 口也是一个准双向口，它有两种使用功能：一种是当系统不扩展外部存储器时，作为普通 I/O 端口使用，其功能和原理与 P1 口第一功能相同；另一种是当系统外扩存储器时，P2 口作为系统扩展的高 8 位地址总线使用，与 P0 口低 8 位地址相配合，实现 64KB 外部程序或数据存储器的访问。但它只能作为地址线使用，并不能像 P0 口那样作为地址/数据复用线使用。

4. P3 口（见图 2-26）

P3 口可以作为通用 I/O 口使用，此时功能与 P1 口完全相同，但在实际应用中，常使用它的第二功能。P3 口的第二功能见表 2-5。

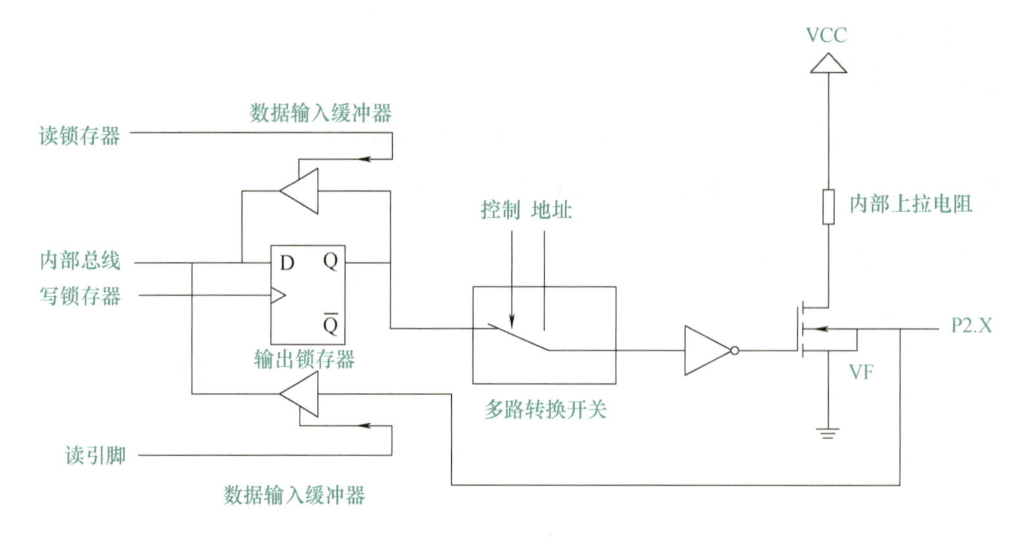

图 2-25　P2 口结构图

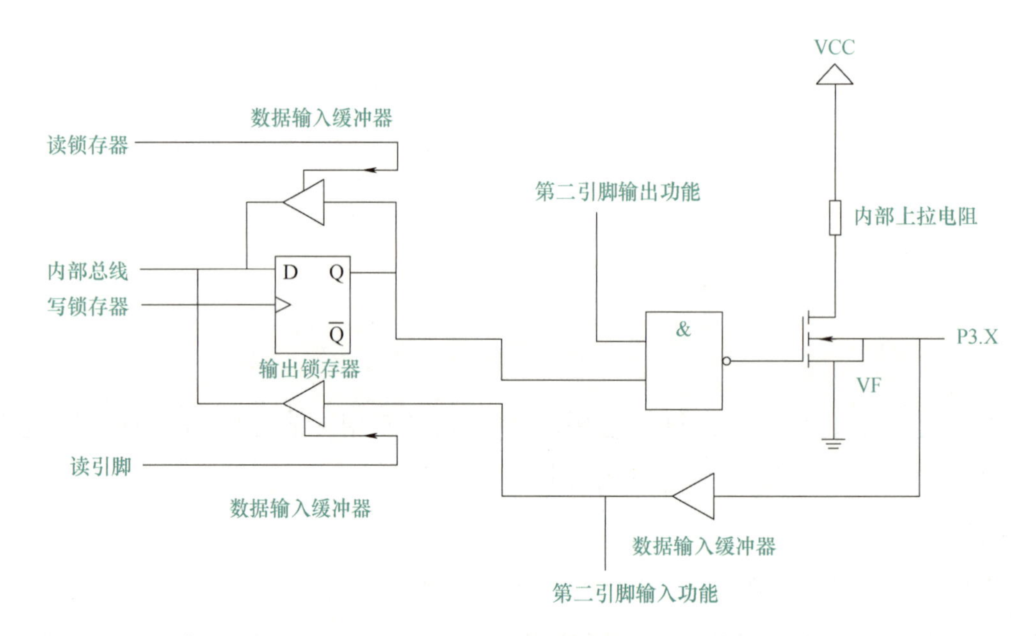

图 2-26　P3 口结构图

表 2-5　P3 口各位的第二功能

P3 口	第 二 功 能	功 能 描 述	P3 口	第 二 功 能	功 能 描 述
P3.0	RXD	串行数据接收端口	P3.4	T0	计数器 0 计数输入
P3.1	TXD	串行数据发送端口	P3.5	T1	计数器 1 计数输入
P3.2	$\overline{\text{INT0}}$	外中断 0 输入	P3.6	$\overline{\text{WR}}$	外部 RAM 写选通信号
P3.3	$\overline{\text{INT1}}$	外中断 1 输入	P3.7	$\overline{\text{RD}}$	外部 RAM 读选通信号

二、C51 语言的函数

一个 C51 语言程序可以由一个主函数 main( ) 和若干个其他函数构成。

一个函数由两部分构成：函数定义和函数体。例如：

```
void delay(uint ms) //函数定义
```

void：函数类型；delay：函数名称；uint：形参类型；ms：形参名称。

1. 函数的定义

从函数的形式来看，函数可以分为无参数函数和有参数函数。前者在被调用时没有参数传递，后者在被调用时有参数传递。

2. 无参数函数定义格式如下：

```
类型说明符   函数名(void)          //"void"声明该函数无参数传递
{
    …
}
```

类型说明符定义了函数返回值的类型。如果函数没有返回值，需要用“void”作为类型说明符。如果函数类型是整型，可以不写类型说明符。

例 1：返回值类型为无符号整型，无参数传递

```
unsigned charmain(void)
{
    …
}
```

例 2：无返回值，无参数传递

```
void delay(void)
{
    unsigned char n
    for(i =0;i <125;i ++)
    {;}
}
```

3. 有参数传递函数定义格式如下：

```
类型说明符   函数名(形式参数列表)//形式参数超过一个时,用","隔开
{
    …
    return(n)
}
```

4. 函数调用

函数调用就是在一个函数体中使用另外一个已经定义的函数，前者为主调用函数，后者为被调用函数。主函数可以调用其他函数，其他函数也可以相互调用，函数可以调用它本身，称为“递归调用”，但是其他函数不能调用主函数。其结构如图 2-27 所示。

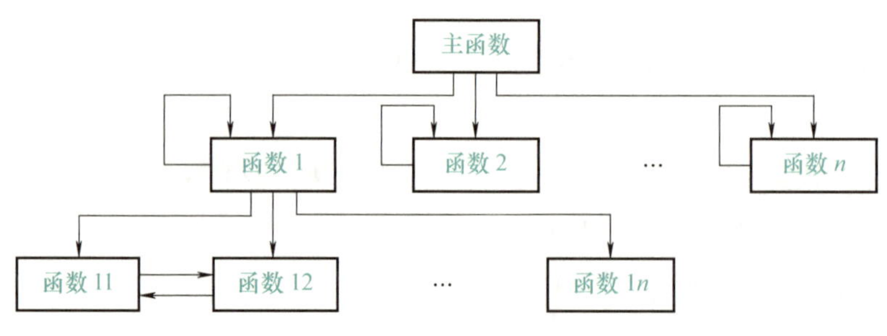

图 2-27 函数调用示意图

函数调用的格式如下：

```
函数名(实参表);
```

有实参的函数调用中，如果有多个实参，要用“,”间隔开。实参与形参顺序对应，个数相同，类型相同。

例如：

```
//8 盏彩灯闪烁程序
1  #include "reg51.h"           //包含头文件 reg51.h
2  #define uint unsigned int //预编译
3  #define uchar unsigned char
4  void delay(uint ms);        //函数声明
5  /*---------主函数---------*/
6  void main(void)
7  {
8    while(1)
9    {
10       P1 =0x00;             //将 P1 口输出置为低电平,彩灯点亮
11       delay(1000);          //调用延时 1s 函数
12       P1 =0xff;             //将 P1 口输出置为高电平,彩灯熄灭
13       delay(1000);          //调用延时 1s 函数
14   }
15 }
16 /*---------延时函数---------*/
```

```
17  void delay(uint ms)
18  {
19      uchar i,j;
20      for(i =0;i <ms;i ++)
21  {
22          for(j =0;j <125;j ++)
23          {;}
24      }
25  }
```

第 1 行：头文件。

第 2 ~ 3 行：预编译。为了书写方便，C51 语言通常将一些数据类型的关键字进行更名操作。

第 4 行：函数声明。C51 语言中，函数要遵循先声明、后调用的原则。

第 5 ~ 15 行：主函数。C51 语言程序执行时，先执行主函数，在主函数中继续调用其他函数。

第 16 ~ 25 行：延时函数，该函数的功能为延时 1s，用于控制彩灯的闪烁速度。

第 17 行：延时函数的函数定义。

第 18 ~ 25 行：延时函数的函数体。

上述这段程序中，调用了一个延时函数 delay（1000）。其中，1000 为该延时函数的实参。

调试经验

1）如果被调用函数的函数定义在主调用函数之后，则需要在调用之前（一般在程序头部）对函数进行声明。上述程序段中的函数声明如下：

```
void delay (uint ms);            //函数声明
```

2）如果被调用的函数不是标准库函数，在本文件中也没有定义，而是在其他文件中定义的，调用时需要使用关键字“extern”进行函数原型说明。例如上述程序段中如果延时函数的定义在另外一个文件中，则函数声明时需要进行如下说明：

```
extern void delay (uint ms);    //函数声明
```

任务拓展

1. 将彩灯闪烁速度提高1倍

要求：绘制程序流程图，编写C51源程序，使用仿真软件进行调试，验证其功能。

操作提示：修改延时时间。

2. 间隔闪烁（先1、3、5、7灯闪烁，再2、4、6、8灯闪烁）

要求：绘制电路原理图和程序流程图，编写C51源程序，使用仿真软件进行调试，验证其功能。

项目小结

本项目从控制LED彩灯闪烁任务入手，介绍了C51语言的关键字、常量、变量、单片机的并行I/O端口以及函数的相关知识，通过任务一和任务二进一步学习了单片机应用系统设计方法。

本项目重点内容如下：

1）在程序运行中，其值不能改变的量称为“常量”。在程序运行中，其值可以改变的量称为“变量”。变量必须先定义后使用。

2）C51语言基本的数据类型有整型、实型、字符型。

3）C51语言的关键字分为两大类：ANSI标准关键字和Keil C51编译器扩充的关键字。

4）51单片机并行I/O端口共有4个双向的8位并行I/O端口，分别记作P0～P3，共有32根接口线。值得注意的是P0口上拉电阻问题以及P3口的第二功能的用法。

5）一个C51语言程序可以由一个主函数main( )和若干个其他函数构成。一个函数由两部分构成：函数定义和函数体。

6）函数调用的格式如下：“函数名（实参表）;”。

7）Proteus是电路分析与仿真及印制电路板设计软件。

评价分析

完成项目评价反馈表，见表2-6。

表 2-6　项目评价反馈表

评价内容	分　值	自我评价	小组评价	教师评价	综　合	备　注
单彩灯闪烁	50 分					
8 盏彩灯闪烁	50 分					
合计	100 分					
取得成功之处						
有待改进之处						
经验教训						

项目习题

一、填空题

1. 一个 C51 程序有且仅有一个________函数。

2. C51 程序中定义一个可寻址的位变量 *SW* 访问 P1 口的 P1.7 引脚的语句是________。

3. C51 语言扩充的数据类型________用来访问 51 单片机内部的所有专用寄存器。

4. 在 C51 语言中，经常用于处理 ASCII 字符或用于处理小于等于 255 的整型数的是________数据类型。

5. C51 程序总是从________函数开始执行的。

6. C51 程序注释有两种形式：一种是________，另外一种是________。

7. C51 语言中访问 ROM 存储区需要使用关键字________。

8. 在系统总线中可以用作低 8 位地址线和数据线的是________口。

二、判断题

1. 51 单片机中常用的数据类型有 int 和 unsigned char。（　　）

2. P0 口具有第二功能，其他端口均无第二功能。（　　）

3. C51 语言可以对地址进行直接操作。（　　）

4. C51 语言中，函数要遵循先声明、后调用的原则。（　　）

5. 在 C51 语言中，每个变量在使用之前必须定义其数据类型。（　　）

6. 如果函数没有返回值，需要用“void”作为类型说明符。 (　　)

7. 语句“const PI = 3.1415926;”中的 PI 是一个变量。 (　　)

三、选择题

1. 在 C51 语言的数据类型中，unsigned int 型的数据长度和取值范围为________。

A. 单字节，-128 ~ 127　　B. 双字节，-32768 ~ 32767

C. 单字节，0 ~ 255　　D. 双字节，0 ~ 65535

2. 下列变量名正确的是（　　）。

A. x_1　　B. x.1　　C. x?　　D. int

3. 下面叙述正确的是________。

A. 一个 C51 源程序可以由一个或多个函数组成

B. 一个 C51 源程序可以包含多个 main( ) 函数

C. 在 C51 程序中，注释说明只能位于一条语句的后面

D. C51 程序的基本组成单位是语句

4. 下列说法错误的是________。

A. 无参函数在被调用时没有参数传递

B. 有参函数在被调用时有参数传递

C. 函数的返回值数据类型由 return( ) 决定

D. 函数的返回值数据类型由定义时所指定的类型决定

四、简答题

1. 标识符的命名规则有哪些？

2. 请说明 C51 语言中函数的定义、函数的声明与函数的调用有何不同？

项目三　流水彩灯

项目描述

本项目要求制作一个按照指定要求完成流水任务的彩灯控制器。首先，制作单向的流水彩灯，然后在此基础上制作双向流水彩灯，最后制作个性化的流水彩灯。通过本项目的学习，可以初步掌握 C51 语言编程的基本方法。

任务一　制作单向流水彩灯

项目三任务一

任务描述

要求 8 盏彩灯依次循环点亮，使用单片机控制流水的方向与速度，完成单向流水任务。

学习目标

1. 知识目标

1）了解 C51 语言的运算符、基本语句结构；

2）掌握 C51 语言的选择语句用法。

2. 技能目标

1）学会编写及修改简单的 C51 程序；

2）能够熟练使用 Keil C51 软件进行编程；

3）能够熟练掌握 Proteus 仿真方法。

任务分析

完成本任务需要 4 个学时。本任务的硬件电路与项目二相同，不同点是软件功能发生了变化。单片机最大的特点是可以“以软代硬”，用程序代替硬件电路，完成各种功能。任务流程图如图 3-1 所示。

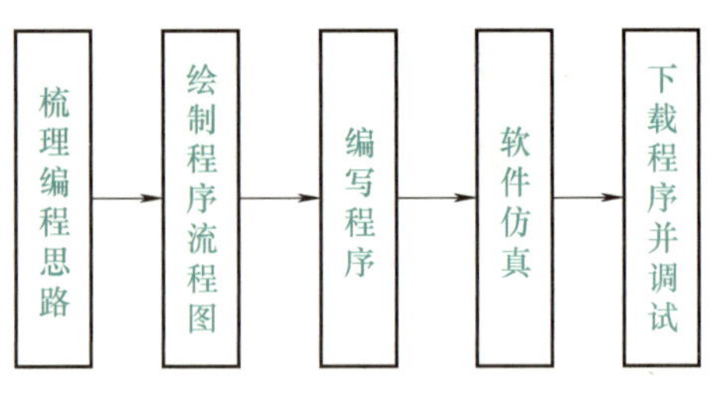

图 3-1　任务流程图

设备、仪器仪表及材料准备

计算机（含相关软件）1 台，USB 转 TTL 单片机下载器 1 个，30W 电烙铁 1 把，数字（或模拟）万用表 1 块，尖嘴钳、斜口钳、裁纸刀各 1 把，细导线、焊锡和松香若干。任务所需电子元器件参考表 2-4。

任务实施

本项目描述的功能可以采用多种方法实现，为了开拓编程思路，本任务介绍了两种方法：直接赋值、位操作运算和选择程序结构。其他方法可参考任务二和任务三。

方法一：直接赋值，用顺序结构实现

活动一：梳理编程思路

本任务的硬件电路与项目二中的 8 盏彩灯闪烁电路原理图（见图 2-19）相同。分析图 2-19 可以看出，当 P1 的某一端口输出为低电平时，对应的发光二极管将会被点亮。因此最简单的一种流水效果的实现方法如图 3-2 所示，即从 P1 口依次输出一个 8 位二进制数，该数中只有一位为低电平，其余各位均为高电平。每输出一个 8 位二进制数，延时一段时间，控制流水显示的速度，然后继续输出下一个数，循环往复，就可以出现流水显示的效果。

11111110
11111101
11111011
11110111
11101111
11011111
10111111
01111111

图 3-2　流水彩灯显示示意图

活动二：绘制程序流程图

图 3-3 为顺序程序实现单向流水彩灯控制程序流程图。

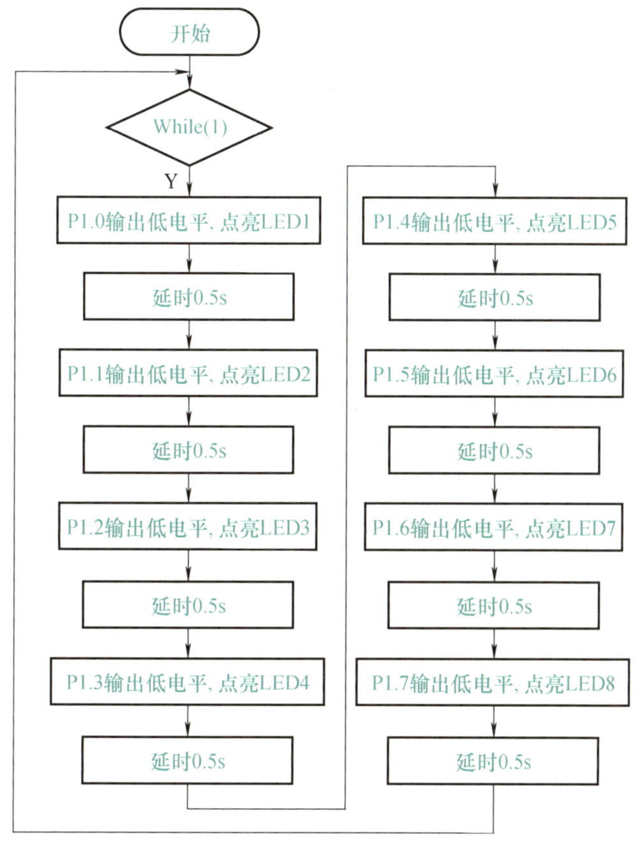

图 3-3　顺序程序实现单向流水彩灯控制程序流程图

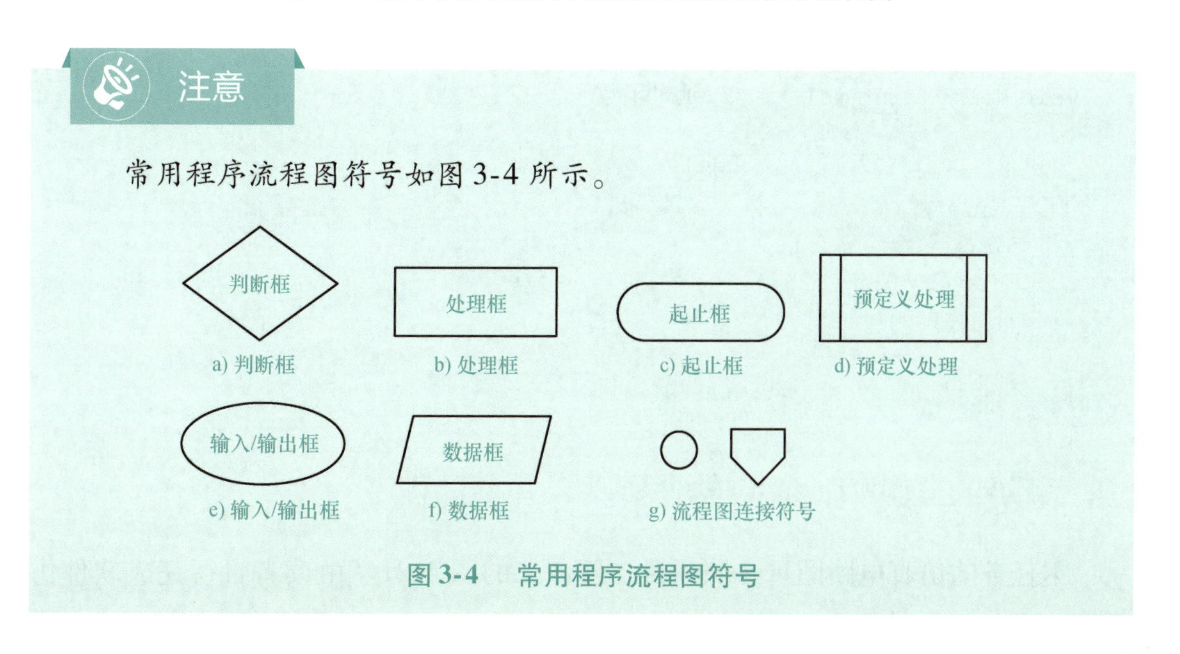

图 3-4　常用程序流程图符号

活动三：编程

```
//参考源程序:采用顺序程序结构实现从上向下流水的效果
#include "reg51.h"
#define uchar unsigned char
#define uint unsigned int
void delay(uint ms);
void main(void)
{
    while(1)
    {
        P1 =0xfe;            //置 P1 口输出的二进制数为 1111  1110
        delay(500);
        P1 =0xfd;            //置 P1 口输出的二进制数为 1111  1101
        delay(500);
        P1 =0xfb;            //置 P1 口输出的二进制数为 1111  1011
        delay(500);
        P1 =0xf7;            //置 P1 口输出的二进制数为 1111  0111
        delay(500);
        P1 =0xef;            //置 P1 口输出的二进制数为 1110  1111
        delay(500);
        P1 =0xdf;            //置 P1 口输出的二进制数为 1101  1111
        delay(500);
        P1 =0xbf;            //置 P1 口输出的二进制数为 1011  1111
        delay(500);
        P1 =0x7f;            //置 P1 口输出的二进制数为 0111  1111
        delay(500);
    }
}
void delay(uint ms)          //延时函数
{
    uchar i;
    uint  j;
    for(j =0;j <ms;j ++)
    { for(i =0;i <125;i ++)
        {;}
    }
}
```

活动四：使用 Proteus 软件仿真，并调试程序

本任务的仿真电路图可参照项目二任务二的图 2-21。由读者自行完成软件仿

真，并调试程序的任务。

活动五：将程序下载到单片机中，验证其实际功能

将单片机插接在电路板的DIP40 IC插座上，使用下载器将.HEX文件下载到单片机芯片中，在电源和接地端加上+5V直流稳压电源，观察实际效果。

方法二：用位操作和选择程序结构实现

活动一：梳理编程思路

具体操作流程如下：

1）P1口输出一个8位二进制数“11111110”，将LED1点亮，延时一段时间。

2）使用位操作中的“左移”命令左移一位（高位溢出，低位补0），如图3-5所示。

3）使用“或”运算将最低位置“1”，然后继续进行延时操作，如图3-6所示。

P1<<1	1111	1110	左移前
	1111	1100	左移后

图3-5 位操作“左移”示意图

	P1	1111	1100
|	0x01	0000	0001
		1111	1101

图3-6 位操作“或”示意图

4）延时结束后，使用“if”语句判断P1口数据是否为“01111111”(即最高位是否为低电平)，若P1口数据不等于“01111111”，则循环执行2）、3）步；若其为“01111111”说明已经完成了7次移位操作，延时后将P1口数据重置为“11111110”（最低位为低电平）。

5）循环执行上述操作。

活动二：绘制程序流程图

用位操作和选择结构实现单向流水彩灯程序流程图如图3-7所示。

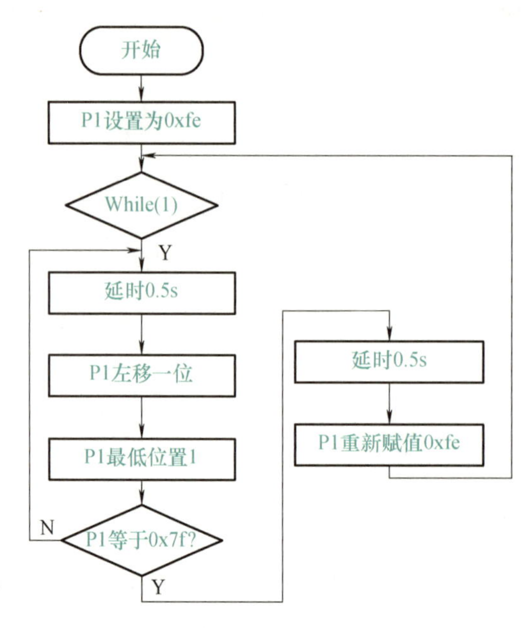

图 3-7　用位操作和选择结构实现单向流水彩灯程序流程图

活动三：编程

```
//参考源程序二:使用位操作运算和选择程序结构实现流水效果(延时函数同上,省略)
#include "reg51.h"
#define uchar unsigned char
#define uint unsigned int
void delay(uint ms);
void main(void)
{
    P1 =0xfe;                  //置 P1 口输出的二进制数为 11111110
    while(1)
    {
        delay(500);
        P1 = (P1 <<1) |0x01;
        if(P1 ==0x7f)          //置 P1 口输出的二进制数为 01111111
        {
            delay(500);
            P1 =0xfe;          //置 P1 口输出的二进制数为 11111110
        }
    }
}
```

活动四：使用 Proteus 软件仿真，并调试程序

由读者自行完成软件仿真，并调试程序的任务。

活动五：将程序下载到单片机中，验证其实际功能

由读者自行完成程序下载到单片机中并验证其实际功能的任务。

一、C51 语言运算符

1. 算术运算符

C51 语言算术运算符及其含义见表 3-1。

表 3-1　C51 语言算术运算符

算术运算符	含　义	算术运算符	含　义
+	加法或单目取正值	/	除法
-	减法或单目取负值	%	求余运算
*	乘法	^	乘幂
--	减 1	++	加 1

表 3-2 为加 1 减 1 运算符的含义。

表 3-2　加 1 减 1 运算符的含义

运　算　符	含　义
y = x ++	先 y = x，然后 x = x + 1
y = x --	先 y = x，然后 x = x - 1
y = ++x	先 x = x + 1，然后 y = x
y = --x	先 x = x - 1，然后 y = x

在 C51 语言中有两个很有用的运算符，这两个运算符就是加 1 和减 1 运算符，运算符“++”表示操作数加 1，而“--”则表示操作数减 1。

例如：

```
x = x + 1;        //可写成 x ++ ,或 ++ x
x = x - 1;        //可写成 x -- ,或 -- x
```

x++（x--）与++x（--x）在上例中没有什么区别，但 y=x++和 y= ++x 却有很大差别。

```
y=x++;          //表示将 x 的值赋给 y 后,x 加 1
y= ++x;         //表示 x 先加 1 后,再将新值赋给 y
```

2. 关系运算符

C51 语言关系运算符的含义见表 3-3。

表 3-3　C51 语言关系运算符

关系运算符	含　义	关系运算符	含　义
<	小于	>=	大于等于
>	大于	==	测试等于
< =	小于等于	! =	不等于

3. 逻辑运算符

C51 语言逻辑运算符的含义见表 3-4。

表 3-4　C51 语言逻辑运算符

逻辑运算符	含　义
&&	与
||	或
!	非

4. 位运算符

单片机通常通过 I/O 端口来控制外部设备完成相应的动作，如电动机转动、指示灯的亮灭、蜂鸣器的鸣响、继电器的通断等。因此，单片机中位操作运算符使用最为频繁，C51 语言支持各种位运算符，这与汇编语言的位操作非常相似，C51 语言位运算符见表 3-5。

表 3-5　C51 语言位运算符

位运算符	含　义	位运算符	含　义
&	与	^	异或
|	或	<<	左移
~	取反	>>	右移

（1）按位与运算符“&”

“&”运算符的功能是对两个二进制数按位进行与运算。与运算规则为“有0出0，全1出1”，按位与运算举例如图3-8所示。

（2）按位或运算符“|”

“|”运算符的功能是对两个二进制数按位进行或运算。或运算规则为“有1出1，全0出0”，按位或运算举例如图3-9所示。

	X	0001	1001
&	Y	0100	1101
		0000	1001

图3-8　按位与运算举例

	X	0001	1001
|	Y	0100	1101
		0101	1101

图3-9　按位或运算举例

（3）按位异或运算符“^”

“^”运算符的功能是对两个二进制数按位进行异或运算。异或运算规则为“相同为0，相异为1”，按位异或运算举例如图3-10所示。

（4）按位取反运算符“~”

“~”运算符的功能是对二进制数按位进行取反运算。取反运算规则为“有0出1，有1出0”，按位取反运算举例如图3-11所示。

	X	0001	1001
^	Y	0100	1101
		0101	0100

图3-10　按位异或运算举例

~	X	0100	1101
		1011	0010

图3-11　按位取反运算举例

（5）左移运算符“<<”

“<<”运算符的功能是将一个二进制数的各位全部左移若干位，移位过程中，高位丢弃，低位补0，左移运算举例如图3-12所示。

（6）右移运算符“>>”

“>>”运算符的功能是将一个二进制数的各位全部右移若干位，最高位为0的数在移位过程中，低位丢弃，高位补0；最高位为1的数在移位过程中，低位丢弃，高位补1，右移运算举例如图3-13所示。

X<<1	1100	1101
	1001	1010

图3-12　左移运算举例

X>>2	0100	1101
	0001	0011

图3-13　右移运算举例

5. 复合赋值运算符

复合赋值运算符就是在赋值运算符“=”的前面加上其他运算符。C51 语言复合赋值运算符见表 3-6。

表 3-6 C51 语言复合赋值运算符

运算符	含义	运算符	含义
+=	加法赋值	<<=	左移位赋值
-=	减法赋值	>>=	右移位赋值
*=	乘法赋值	&=	逻辑与赋值
/=	除法赋值	|=	逻辑或赋值
%=	取模赋值	^=	逻辑异或赋值

复合运算的一般形式为

```
变量  复合赋值运算符  表达式;
```

其含义就是变量与表达式先进行运算符所要求的运算，再把运算结果赋值给参与运算的变量。其实这是 C51 语言中一种简化程序的一种方法，凡是二目运算都可以用复合赋值运算符去简化表达。例如：

```
a +=56;等价于 a=a+56;
y/=x+9;等价于 y=y/(x+9);
```

很明显采用复合赋值运算符会降低程序的可读性，但这样却可以使程序代码简单化，并能提高编译的效率。

二、C51 语言的语句

一个完整的 C51 语言程序是由若干条语句按一定的方式组合而成的。C51 语言的语句大致可分为五类：表达式语句、函数调用语句、控制语句、复合语句、空语句。

1. 表达式语句

表达式语句由表达式加上分号“;”组成。其一般形式为

表达式;

执行表达式语句就是计算表达式的值。例如“c=a+a;”。

2. 函数调用语句

由函数名、实际参数加上分号“;”组成。其一般形式为

函数名（实际参数表）;

例如：“printf（"Hello!"）;”。

3. 控制语句

控制语句用于控制程序的流程，以实现程序的各种结构方式。它们由特定的语句定义符组成。C51 语言有九种控制语句。可分成以下三类：

1）条件判断语句：if 语句、switch 语句；

2）循环执行语句：do…while 语句、while 语句、for 语句；

3）转向语句：break 语句、goto 语句、continue 语句、return 语句。

4. 复合语句

把多个语句用大括号｛｝括起来组成的一个语句称复合语句。在程序中应把复合语句看成是单条语句，而不是多条语句。

5. 空语句

只有分号“;”组成的语句称为空语句。空语句是什么也不执行的语句。在程序中空语句可用来作空循环体。例如：“while（1）;”。

三、选择语句

在项目三任务一方法二中的源程序中有如下代码：

```
if(P1 ==0x7f)         //置 P1 口输出的二进制数为 01111111
{
    delay(500);
    P1 =0xfe;          //置 P1 口输出的二进制数为 11111110
}
```

在该段代码中，先判断 P1 等于 0x7f 这个条件是否成立，如果成立的话，那么条件为真，则执行程序段 delay（500），P1 =0xfe，实现延时并为 P1 重新赋值的操作。

调试经验

表达式中的运算符“==”为相等关系运算符，初学者容易错写为“=”，“=”为表达式赋值运算符。

（1）基本 if 语句格式

If 语句

```
if(表达式)
{
    语句组;
}
```

（2）if…else…语句格式

```
if(表达式)
{
    语句组一;
}
else
{
    语句组二;
}
```

调试经验

if 后面的表达式必须用（）括起来，语句组中如果只有一条语句 {} 可以省略，若有多条语句，则必须用 {} 括起来，初学者容易忽略。

（3）if… else if… 多条件分支语句格式

```
if(表达式 1)
{
    语句组一;
}
else if (表达式 2)
{
    语句组二;
}
    …
else if (表达式 n)
{
    语句组 n;
}
else                         //以上所有条件均不成立,则执行语句组 n +1
{
    语句组 n +1;
}
```

if… else if…语句应用举例：

```
//如何实现考生成绩的划分(90 ~100 分记 A,70 ~89 分记 B,60 ~69 分记 C,60 以下记 D)
if(score >89) grade = 'A';
else if(score >69) grade = 'B';
else if(score >59) grade = 'C';
else grade = 'D';
```

（4）switch 语句格式

if 语句一般用于单条件判断或分支数目较少的场合，如果 if 语句嵌套层数过多，就会降低程序的可读性。C51 语言提供了一种专门用来完成多分支选择的语句 switch，其格式如下：

```
switch(表达式)
{
    case    常量表达式 1:语句组一;
    case    常量表达式 2:语句组二;
    …
    case    常量表达式 n:语句组 n;
    default:语句组 n+1;
}
```

该语句执行过程如下：首先计算表达式的值，并逐个与 case 语句后的常量表达式的值相比较，当表达式的值与某个常量的值相等时，则执行对应该常量表达式后的语句组，并继续执行其他 case 语句。若表达式的值与所有 case 的值都不相等时，则执行 default 后面的语句组 n+1。

若要实现 switch 语句在执行某一 case 语句后退出选择结构，应使用 break 语句。例如：

```
switch(表达式)
{
    case    常量表达式 1:语句组一;break;
    case    常量表达式 2:语句组二;break;
    …
    case    常量表达式 n:语句组 n;break;
    default:语句组 n+1;
}
```

该语句执行过程中，当表达式的值与某个常量的值相等时，则执行对应该常量表达式后的语句组，再执行 break 语句，跳出 switch 语句。

switch 语句应用举例：

```
//用 switch 实现单向流水效果(延时函数同上,省略)
#include "reg51.h"
#define uint unsigned int
#define uchar unsigned char
void delay(uchar ms);
void main(void)
```

```
{
    uint i =0;
    while(1)
    {
      i ++;
      switch(i)
      {
        case 1:P1 =0xfe; break;
        case 2:P1 =0xfd; break;
        case 3:P1 =0xfb; break;
        case 4:P1 =0xf7; break;
        case 5:P1 =0xef; break;
        case 6:P1 =0xdf; break;
        case 7:P1 =0xbf; break;
        case 8:P1 =0x7f; break;
      }
      delay(500);
      if(i >=8) i =0;
    }
}
```

调试经验

case 语句后面必须是一个常量表达式，注意不能将 break 语句省略，否则程序将会继续顺序往下执行，可能出现程序的逻辑错误。switch 语句后面的括号不能省略。

任务拓展

根据下列要求，绘制程序流程图，用 Keil C51 编写 C51 源程序，并用 Proteus 进行仿真调试。

1）改变流水彩灯的运行方向（从下向上）。

2）改变流水彩灯的运行速度，要求彩灯依次闪亮，每 100ms 变化一次。

3）变速流水彩灯，一开始慢，然后逐渐加快（500ms，400ms，300ms，200ms，100ms）。

4）首先每秒依次闪亮，然后再 1、3、5、7 闪亮，2、4、6、8 闪亮。重复上述过程。

任务二 制作双向流水彩灯

任务描述

要求 8 盏彩灯先从上向下流水点亮，然后从下而上流水点亮，使用单片机控制彩灯流水的方向与速度，完成制作双向流水彩灯的任务。

学习目标

1. 知识目标

掌握 C51 语言循环语句的使用。

2. 技能目标

1）能够熟练使用 Proteus 软件进行仿真调试；

2）能够熟练使用 Keil C51 软件编写循环结构程序。

任务分析

本任务是在任务一的基础上拓展了流水彩灯的两种编程思路：使用循环移位函数、采用位操作和循环程序结构。完成本任务需要 4 个学时。

制订任务流程图，如图 3-14 所示。

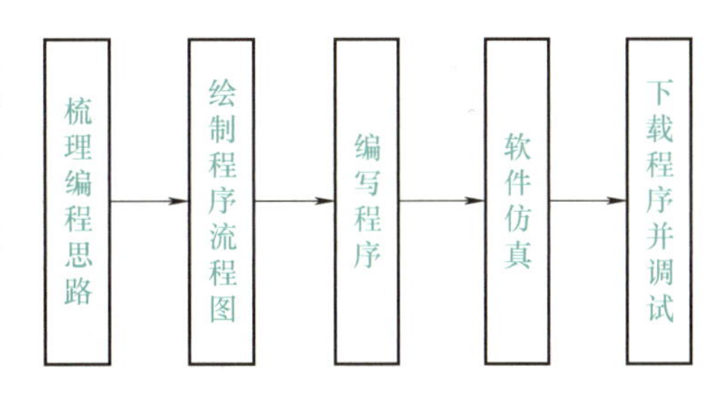

图 3-14 任务流程图

设备、仪器仪表及材料准备

计算机（含相关软件）1 台，USB 转 TTL 单片机下载器 1 个，30W 电烙铁 1 把，数字（或模拟）万用表 1 块，尖嘴钳、斜口钳、裁纸刀各 1 把，细导线、焊锡和松香若干。任务所需电子元器件参考表 2-4。

任务实施

方法三：使用循环移位函数

活动一：分组讨论编程思路

利用 C51 语言内部的库函数_crol_( )可以直接完成循环左移操作（向左移动 1 位，最高位数据移至最低位处），如图 3-15 所示。

循环右移函数_cror_( )可以直接完成循环右移操作（向右移动 1 位，最低位数据移至最高位处），如图 3-16 所示，使用循环移位可以更简洁的完成彩灯流水显示操作。

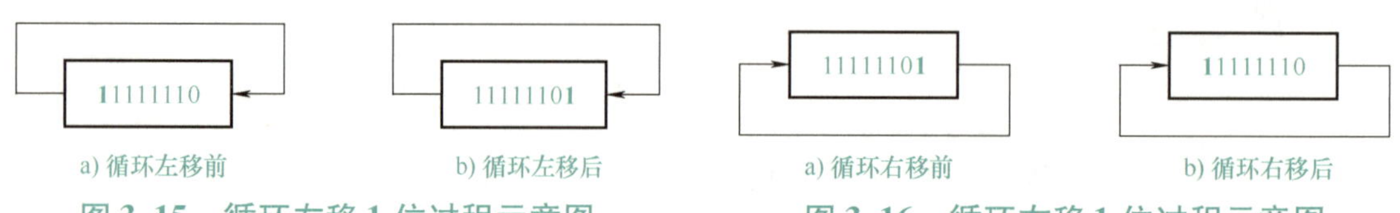

图 3-15　循环左移 1 位过程示意图　　图 3-16　循环右移 1 位过程示意图

注意

如果程序中使用了 C51 语言标准库函数，则在程序的开头要用#include 预处理语句将被调用的函数包含进来。因此，在使用移位函数_crol_( )或_cror_( )时，需要将程序开头进行预处理：#include" INTRINS. H" 。

活动二：绘制程序流程图（见图 3-17）

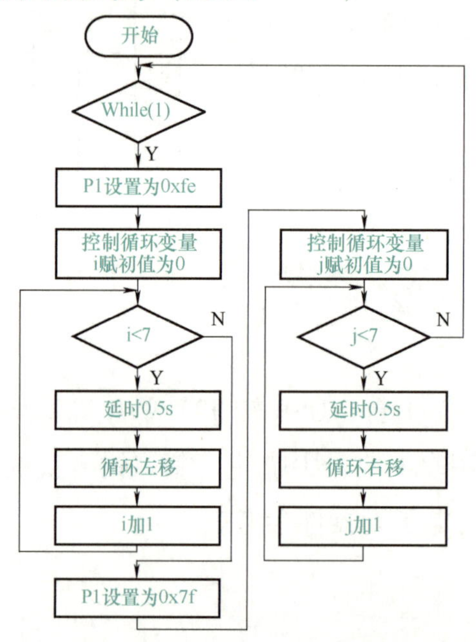

图 3-17　使用循环移位函数编写双向流水彩灯程序流程图

活动三：编写程序

```
//参考程序:(延时函数 delay 同项目二,此处省略)
#include "reg51.h"
#include "INTRINS.H"
#define uchar unsigned char
#define uint unsigned int
void delay(uint ms);
void main(void)
{  uchar i,j;
     while(1)
    {
     P1 =0xfe;
     for(i =0;i <7;i ++)        //循环左移
     {  delay(500);
        P1 = _crol_(P1,1);
     }
     for(j =0;j <7;j ++)        //循环右移
     {  delay(500);
        P1 = _cror_(P1,1);
     }
    }
}
```

活动四：用 Proteus 绘制电路图进行仿真调试

本任务的仿真电路图可参照项目二任务二的图 2-21。由读者自行完成软件仿真，并调试程序的任务。

活动五：程序下载，验证功能

硬件电路请参照项目二中的任务二。

使用下载器将 . HEX 文件下载到 SCT89C51RC 中，将单片机插接在电路板的 DIP40 IC 插座上，在电源和接地端加上 +5V 直流稳压电源，观察实际效果。

方法四：用位操作和循环程序结构实现

活动一：分组讨论编程思路

在之前的项目中，已经学习了位操作指令“左移”和“右移”相关知识，下面将用位操作和循环程序结构实现双向流水彩灯效果。

活动二：绘制程序流程图（见图 3-18）

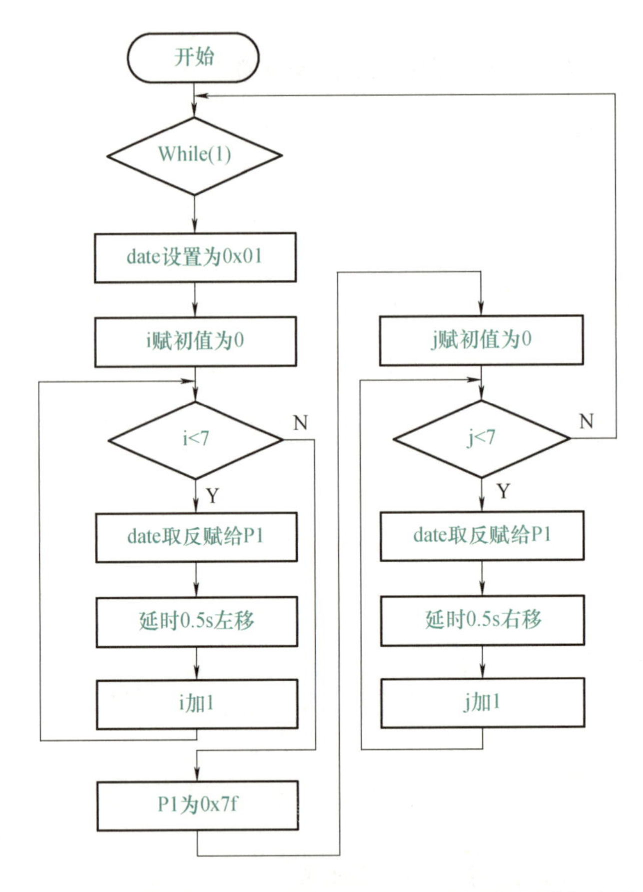

图 3-18　使用位操作和循环程序结构编写双向流水彩灯程序流程图

活动三：编写程序

```
//参考程序:采用位操作和循环程序结构实现流水效果(延时函数同上,省略)
#include "reg51.h"
#include "INTRINS.H"
#define uchar unsigned char
#define uint unsigned int
void delay(uint ms);
void main(void)
{
    uchar i,j,date;
    while(1)
    {
        date =0x01;                    //送移位初值
        for(i =0;i <7;i ++)
```

```
        {
            P1 = ~date;                  //按位取反,送 P1 口显示
            delay(500);                  //延时 0.5s,控制流水显示的速度
            date = date <<1;             //左移一位,高位溢出,低位补 0
        }
        for(j =0;j <7;j ++)
        {
            P1 = ~date;                  //按位取反,送 P1 口显示
            delay(500);                  //延时 0.5s,控制流水显示的速度
            date = date >>1;             //右移一位,低位溢出,高位补 0
        }
    }
}
```

活动四：用 Proteus 绘制电路图，并进行仿真调试

本任务的仿真电路图可参照项目二任务二图 2-21。由读者自行完成软件仿真，并调试程序的任务。

活动五：将程序下载到单片机中，验证其实际功能

硬件电路请参照项目二中的任务二。

使用下载器将 .HEX 文件下载到 SCT89C51RC 中，将单片机插接在电路板的 DIP40 IC 插座上，在电源和接地端加上 +5V 直流稳压电源，观察实际效果。

知识链接

循环语句的作用是用来实现需要反复执行多次的操作。如一个晶振频率为 12MHz 的 51 单片机应用系统中要求实现 1ms 的延时，那么就要执行 1000 次空语句才可以达到延时的目的（当然可以使用定时器来做，这里就不再讨论），如果是写 1000 条空语句十分繁琐，再者占用存储空间较大，因此可以用循环语句编写，这样不但使程序结构清晰明了，而且使其编译的效率大大提高。在 C51 语言中构成循环控制的语句有 for、while 及 do…while 等。

一、for 语句

for 语句

1. for 语句结构

for 语句可以使程序按指定的次数重复执行。其格式如下：

```
for (循环变量赋初值;循环条件;循环变量增量)
{
    语句组;
}
```

循环变量赋初值是一条赋值语句，用于给循环变量赋初值；循环条件是一个关系表达式，它决定何时退出循环；循环变量增量，用来表示循环变量每循环一次后按何种方式变化。这 3 个部分之间用分号（;）分隔开。

for 语句的执行过程如下：首先在初始化表达式中设置循环变量的初始值，然后求解条件表达式的值，若其值为“真”，则执行 for 循环体内指定的语句组，再执行增量表达式；若其值为“假”，则跳过 for 循环语句。执行过程用流程图表示如图 3-19 所示。

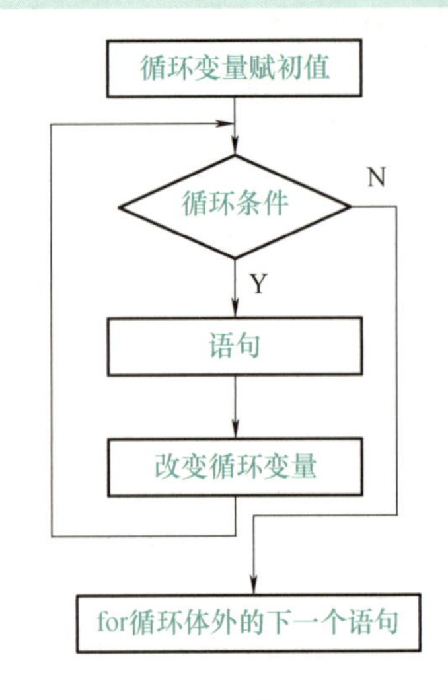

图 3-19 for 语句执行过程流程图

使用 for 语句应该注意：

for 循环中的“表达式 1（循环变量赋初值）”“表达式 2（循环条件）”和“表达式 3（循环变量增量）”都是选择项，即可以省略。

1）若循环变量已在 for 语句前初始化，则表达式 1 可省略，但分号（;）不能省略。例如：

```
for(;m<10;m++) s=s+m;
```

2）若程序需要无限循环，则可省略 for 循环中的“表达式 2”。如果省略了“表达式 2（循环条件）”，此时表达式 2 始终为真，不进行条件判断，进入无限循环。例如：

```
for(i=1;; i++ ) sum=sum+i;
```

3）如果省略了“表达式 3（循环变量增量）”，则不对循环控制变量进行操作，循环无法结束。这时可在语句体中加入修改循环控制变量的语句。例如：

```
for(i=1;i<=100 ; )
{
    sum=sum+i;
    i++;
}
```

4）若循环变量已在for语句前初始化，则“表达式1（循环变量赋初值）”和“表达式3（循环变量增量）”可以同时省略。例如：

```
i =1;
for( ; i < =100 ; )
{
    sum = sum + i;
    i ++;
}
```

5）3个表达式都可以省略。例如：

```
for( ; ; ) 相当于 while(1)语句。
```

6）表达式1和表达式3可以是一个简单表达式也可以是逗号表达式。例如：

```
for( sum =0,i =1; i < =100; i ++ )   sum = sum + i;
```

或

```
for( i =0,j =100; i < =100; i ++,j -- )   k = i + j;
```

7）表达式2一般是关系表达式或逻辑表达式，但也可是数值表达式或字符表达式，只要其值非零，就执行循环体。例如：

```
for( i =0; c! =3; i += c );
```

2. for语句的嵌套使用

例如：前面我们用到的delay( )函数就是采用for语句编写而成的。

```
void delay(uint ms)   //延时函数
{
    uchar i;
    uint  j;
    for(j =0;j <ms;j ++)
    {  for(i =0;i <125;i ++)
         {;}
    }
}
```

延时函数delay( )采用了两重循环，外层循环的循环变量j的初始值为0，可以执行ms次［j为0～(ms－1)］循环体中的语句，内层循环的循环变量i的初始值为0，可以执行125次空操作（i为0～124），执行125次空操作所消耗的时间大约为1ms，所以该延时函数可以延时ms毫秒。

二、while 语句

while 语句的格式如下：

```
while(表达式)
{
    语句组;
}
```

while 语句和
do…while 语句

while 语句首先判断表达式是否为“真”，若为“真”，则执行循环体中的语句组；否则，跳出循环体，执行后面的操作。

注意

如果表达式的值恒为“真”，将会不断执行循环体中的语句，造成死循环。在单片机应用程序的主函数中通常有一条语句 while（1），该语句是为了防止程序跑飞而有意设置的一个死循环。

上述延时函数可以用 while 语句改写如下程序段。

```
void delay(uchar ms)
{
    uchar i =125;
    while(ms --)
    {
    while(i --);
        {;}
    }
}
```

三、do…while 语句

do…while 语句格式如下：

```
do
{
    语句组;
}
while(表达式);
```

do…while 语句首先执行循环体中的语句组，然后 while 语句判断表达式是否为“真”，若为“真”，则继续执行循环体中的语句组，直到判断表达式为“假”后，跳出循环体，执行后面的操作。它与前面的 while 语句的区别是其首先执行一遍循环体中的语句组，再判断表达式是否为真，而 while 语句相反。

上述延时函数可用 do...while 语句改写为如下程序段。

```
void delay(uint ms)
{
    uint i =125;
    do
    {
        while(i --);
    }
    while(ms --);
}
```

任务拓展

完成下列功能要求，绘制程序流程图，用 Keil C51 编写 C51 源程序，并用 Proteus 进行仿真调试。

1）调整双向流水彩灯的运行速度，从上向下流水时快速流水（每盏彩灯亮 0. 5s），从下向上流水时慢速流水（每盏彩灯亮 1s）。

2）调整双向流水彩灯的运行速度，先快速流水（每盏彩灯亮 0. 5s），后慢速流水（每盏彩灯亮 1s），循环往复。

任务三　制作个性化流水彩灯

制作个性化流水彩灯，彩灯的个性化流水闪烁变化为左移 2 次，右移 2 次，闪烁 2 次（延时的时间 0. 2s）。

学习目标

1. 知识目标

掌握 C51 语言数组的应用。

2. 技能目标

1）能够熟练使用数组完成个性化流水彩灯的编程；

2）能够熟练使用 Proteus 完成程序的仿真调试；

3）熟练使用 Keil C51 完成程序的编写，生成 . HEX 文件。

任务分析

本任务硬件电路与项目二相同，是在任务一、任务二的基础上，灵活应用数组实现个性化流水彩灯的编程。用心体会如何用软件编程替代硬件功能。制订任务流程图，如图 3-20 所示。完成本任务需要 4 个学时。

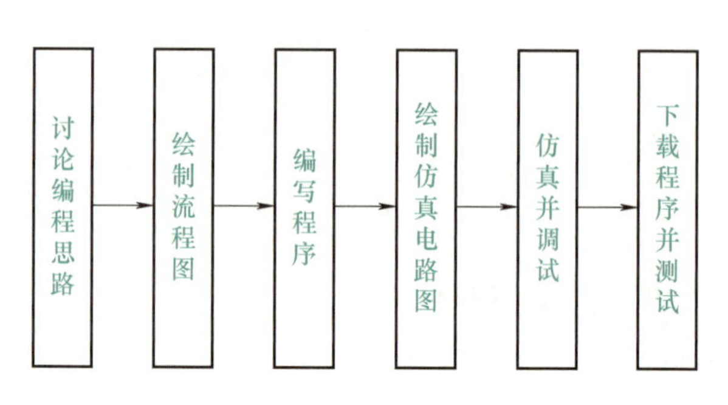

图 3-20　任务流程图

设备、仪器仪表及材料准备

计算机（含相关软件）1 台，USB 转 TTL 单片机下载器 1 个，30W 电烙铁 1 把，数字（或模拟）万用表 1 块，尖嘴钳、斜口钳、裁纸刀各 1 把，细导线、焊锡和松香若干。任务所需电子元器件参考表 2-4。

任务实施

方法五：使用数组

活动一：分组讨论编程思路

创建一个 ROM 数组，将要显示的流水闪烁样式的数据存放在该数组中，然后从数组中将数据依次取出，由 P1 口输出控制 8 个发光二极管 LED1 ~ LED8 按照某一规律闪烁，当数组中数据全部取完后，再重复上述过程继续流水闪烁。使用延时函数控制流水灯的流水速度。

活动二：绘制程序流程图

图 3-21 所示为个性化流水彩灯的程序流程图。

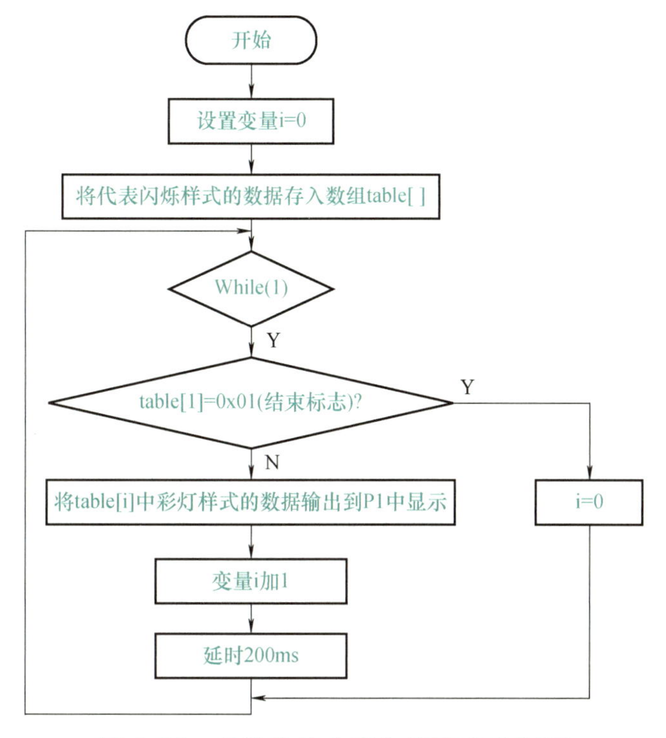

图 3-21　个性化流水彩灯的程序流程图

活动三：编写程序（根据程序流程图，将下列程序补充完整）

```
//参考程序,个性化流水彩灯
#include <reg51.H>
#define uchar unsigned char
uchar code table[ ] = {0xfe,0xfd,0xfb,0xf7,
                       0xef,0xdf,0xbf,0x7f,
                       0xfe,0xfd,0xfb,0xf7,
                       0xef,0xdf,0xbf,0x7f,
                       0x7f,0xbf,0xdf,0xef,
                       0xf7,0xfb,0xfd,0xfe,
                       0x7f,0xbf,0xdf,0xef,
                       0xf7,0xfb,0xfd,0xfe,
                       0x00,0xff,0x00,0xff,
                       0x01}; //将代表闪烁样式的数据存入数组 table[]
uchar i;
void delay(uchar ms)
```

```
{
    uchar i,j;
    for(i =0;i <ms;i ++)
    {for(j =0;j <125;j ++)
        {;}
    }
}
void main(void)
{
  while(1)
    {
        if(table[i]! =0x01)
          {
            ________;     //将 table[i]中彩灯样式的数据输出到 P1 口显示
            i ++;
            delay(200);  //延时 200ms
          }
        else
          {
            ________;    //若遇到结束标志,则返回显示第一组样式
          }
    }
}
```

活动四：使用 Proteus 完成软件仿真，并进行程序调试

活动五：将程序下载到单片机中，验证其实际功能

一、数组的概念

所谓数组就是指具有相同数据类型的变量集，且拥有共同的名字。数组中的每个特定元素都使用下标来访问。数组由一段连续的存储地址构成，最低的地址对应第一个数组元素，最高的地址对应最后一个数组元素。

数组按照维数可分为一维、二维、三维和多维数组，常用的是一维和二维数组；按照数据类型可分为整型数组、浮点型数组、字符型数组、指针型数组等，在单片机 C51 语言编程中常用的数据类型有整型数组和字符型数组。

二、数组的定义和引用

数组

1. 一维数组

一维数组的表达形式如下：

```
类型说明符  数组名[常量表达式];
```

方括号中的常量表达式称为数组的下标。C51 语言中，下标是从 0 开始的。例如：

```
unsigned int a[3];
```

这里定义了一个无符号的整型数组 a，它有 a［0］~a［2］共 3 个数组元素，每个元素均为无符号整型变量。

注意

1）数组名与变量名一样，必须遵循标识符命名规则，数组名不能与其他变量名相同；

2）“数据类型”是指数组元素的数据类型，数组中所有元素的数据类型都是相同的；

3）“常量表达式”必须用方括号括起来，指的是数组的元素个数（又称数组长度），它是一个整型值，其中可以包含常数和符号常量，但不能包含变量。

利用一维数组编写单向流水灯，参考程序如下：

```
//参考程序,利用一维数组方法编写单向流水灯
#include <reg51.H>
#define uchar unsigned char
#define uint unsigned int
uchar code table[]={0xfe,0xfd,0xfb,0xf7,0xef,0xdf,0xbf,0x7f};/*将代表彩灯闪烁样式数据存入数组 table[]*/
void delay(uint ms);
void main(void)
{
  uchar m;
```

```
   while(1)
     {
     for(m=0;m<7;m++)
         {
           P1=table[m];  //将 table[m]中彩灯样式的数据输出到 P1 口显示
           delay(500);   //延时 500ms
         }
     }
 }
 void delay(uint ms)
 {
     uchar i,j;
     for(i=0;i<ms;i++)
     {for(j=0;j<125;j++)
         {;}
     }
 }
```

2. 二维数组

二维数组的格式如下：

类型说明符　数组名［下标 1］［下标 2］；

例如：

```
unsigned char a[2][3];//定义一个无符号字符型二维数组,共有 2×3=6 个元素
```

该数组中下标 1 表示行，下标 2 表示列，因此它是一个 2 行 3 列的数组，数组各元素的排列如下：

```
a[0][0];  a[0][1];  a[0][2];
a[1][0];  a[1][1];  a[1][2];
```

二维数组赋值可以采用以下两种方法：

1）按存储顺序整体赋值，例如：

```
unsigned int a[2][3]={0,1,2,3,4,5};
```

2）按行分段赋值，这种方法更加直观，例如：

```
unsigned int a[2][3]={{0,1,2},{3,4,5}};
```

利用二维数组编写单向流水灯，参考程序如下：

```
//参考程序,利用二维数组方法编写单向流水灯
#include <reg51.h>
#define uchar unsigned char
#define uint unsigned int
uchar code table[2][4] = {0xfe,0xfd,0xfb,0xf7,0xef,0xdf,0xbf,0x7f};
/*将代表闪烁样式的数据存入数组 table */
void delay(uint ms);
void main(void)
{
  uchar m,n;
  while(1)
    {
    for(m = 0;m < 1;m ++)
      {
      for(n = 0;n < 3;n ++)
        {
          P1 = table[m][n]; //将 table 中彩灯样式的数据输出到 P1 口显示
          delay(500);       //延时 500ms
        }
      }
    }
}
void delay(uint ms)
{
    uchar i,j;
    for(i = 0;i < ms;i ++)
    {for(j = 0;j < 125;j ++)
      {;}
    }
}
```

3. 字符数组

字符数组是用来存放字符的数组，每一个数组元素就是一个字符。与整型数组一样，字符型数组也可以在定义时进行初始化赋值。例如：

```
char b[5] = {'h','e','l','l','o'};
```

该语句定义了一个字符型数组，它共有5个元素，每个元素均为字符型变量。当对全体数组元素赋值时，也可以省略数组长度说明，例如：

```
char b[]={'h','e','l','l','o'};
```

这时数组长度将自动定义为5。

若要在数组中存放一个字符串，可采用如下两种方法：

```
char str[]={'h','e','l','l','o','\0'};//"\0"为字符串的结束符
char str[]={"hello"};
```

或者写成更简洁的形式：

```
char str[]="hello";
```

任务拓展

1）修改流水灯的闪烁速度（0.5s、1s、2s），用Proteus仿真观察效果。

2）根据下列要求，修改ROM数组中流水灯的闪烁样式，用Proteus仿真观察效果。

控制8盏彩灯（LED0～LED7），运行后彩灯分4步循环工作：

① 彩灯从低位到高位依次点亮（间隔为1s），最后全亮。共8s；

② 彩灯从低位到高位依次熄灭（间隔为1s），最后全灭。共8s；

③ 8盏彩灯同时亮，时间为1s；

④ 8盏彩灯同时灭，时间为0.5s。

第3步和第4步重复4遍，共6s。如此循环一次共需22s。

参考程序：

```
#include <reg51.h>
#define uchar unsigned char
#define uint unsigned int
uchar code led[]={0xfe,0xfe,0xfc,0xfc,0xf8,0xf8,0xf0,0xf0,
                  0xe0,0xe0,0xc0,0xc0,0x80,0x80,0x00,0x00,
                  0x01,0x01,0x03,0x03,0x07,0x07,0x0f,0x0f,
                  0x1f,0x1f,0x3f,0x3f,0x7f,0x7f,0xff,0xff,
                  0x00,0x00,0xff,0x00,0x00,0xff,0x00,0x00,
                  0xff,0x00,0x00,0xff};
```

```
void delay(void)
{
    uint i;
    for(i=0;i<62500;i++);
}
void main(void)
{
    uchar i;
    while(1)
    {
        for(i=0;i<44;i++)
        {
            P1=led[i];
            delay();
        }
    }
}
```

3）将 ROM 一维数组修改为二维数组，并更换流水彩灯的闪烁样式，用 Proteus 仿真观察效果。

项目小结

本项目从单向流水彩灯入手，结合双向流水以及个性化流水任务循序渐进地学习了多种 C51 语言编程方法以及相关理论知识，主要知识点如下：

1）C51 语言运算符包括算术运算符、关系运算符、逻辑运算符、位运算符、复合赋值运算符等。

2）C51 语言的语句大致可分为五类：表达式语句、函数调用语句、控制语句、复合语句、空语句。

3）C51 语言程序结构主要分为顺序结构、选择结构和循环结构。其中，选择结构主要由 if 和 switch 语句实现，循环结构主要由 for 语句、while 语句、do…while 语句实现。

4）所谓数组就是指具有相同数据类型的变量集。C51 语言常用的是一维数组和二维数组。

完成项目评价反馈表，见表3-7。

表3-7　项目评价反馈表

评价内容	分　值	自我评价	小组评价	教师评价	综　合	备　注
单向流水	40分					
双向流水	40分					
个性化流水	20分					
合计	100分					
取得成功之处						
有待改进之处						
经验教训						

项目习题

一、填空题

1. 设有“int x = 13;”，则表达式（x ++ * 1/3）的值是________。

2. 若“int i, j, k;”，则表达式“i = 1, j = 2, k = 3, k *= i + j;”的值为________。

3. 在C51程序中常常把________作为循环体，用于消耗CPU运行时间，产生延时效果。

4. 下列函数中循环执行的次数为________。

```
void delay(void)
{
    for(i =125;i >0;i --);
}
```

5. 执行下列语句后z的结果为________。

```
x =1;
y =2;
z =x&y;
```

6. 下列语句中循环执行的次数为________。

```
unsigned char x;
x=9;
while(x--);
```

7. 执行完下列操作后，x 与 y 的值分别为________和________。

```
unsigned char x,y,sec;
sec=258;
x=sec%10;
y=sec/10;
```

二、选择题

1. 下列函数中循环执行的次数为（　　）。

```
void delay(void)
{
    for(i=0;i<10;i++,i++);
}
```

A. 10　　B. 4　　C. 9　　D. 5

2. 执行完下列操作后，date 的值为（　　）。

```
unsigned char i,date;
date=0xfe;
for(i=0;i<=6;i=i+3)
{
    date=date<<1;
}
```

A. 0xfc　　B. 0xf8　　C. 0xf0　　D. 0xe0

3. 下列语句定义的数组中包含的数组元素数为（　　）。

```
unsigned int a[4];
```

A. 2　　B. 3　　C. 4　　D. 5

4. 在 C51 语言的 if 语句中，用作条件判断的表达式为（　　）。

A. 关系表达式　　B. 逻辑表达式

C. 算术表达式　　D. 任意表达式

5. 在 C51 语言中，当 do...while 语句中的条件为（　　）时，结束循环。

A. 0　　B. false　　C. true　　D. 非 0

6. 下面的 while 循环执行了（　　）空语句。

```
while(i=0);
```

A. 无限次　　B. 0 次　　C. 1 次　　D. 2 次

7. 下面的 do...while 语句循环执行了（　　）空语句。

```
do
{;}
While(i=0);
```

A. 无限次　　B. 0 次　　C. 1 次　　D. 2 次

8. 以下描述正确的是________。

A. continue 语句的作用是结束整个循环的执行

B. 只能在循环体内和 switch 语句体内使用 break 语句

C. 在循环体内使用 break 语句或者 continue 语句的作用相同

D. 以上三种描述都不正确

9. 对三个数组进行如下初始化：

```
char a[]="123456";
char b[]={'1','2','3','4','5','6'};
char c[]={123};
```

则以下叙述正确的是（　　）。

A. a、b、c 数组完全相同

B. 数组 a 与数组 b 长度相同

C. 数组 a 和数组 b 中都存放字符串

D. 数组 a 比数组 b 长度长

10. 下面是对一维数组 s 的初始化，其中正确的是（　　）。

A. char s[5]={"abc"};

B. char s[5]={'a,b','c'};

C. char s[5]="1234";

D. char s[5]="abcdef";

三、编程题

参考本项目中的示例，完成下面的程序，实现如下功能：从第一盏彩灯开始点亮，然后第三个、第五个、第七个彩灯依次点亮，如此循环。

```
#include "reg51.h"
________________________
#define uint unsigned int
________________________;
void main(void)
{
    P1 = 0xfe;
    while(1)
    {
          delay(1000);
          P1 = (P1 << ___) | ____;
          if(P1 == _____)
      {
          delay(1000);
          P1 = 0xff;
      }
    }
}
void delay(uint ms)   //延时函数
{
    uchar i;
    uint  j;
    for(j = 0;j < ms;j ++)
      {for(i = 0;i < 125;i ++);
  }
}
```

项目四 密码锁

项目描述

日常生活中密码锁应用非常广泛，如储物柜、保险柜等均需要性能可靠的密码锁，密码锁需要通过键盘输入密码，然后才能打开或关闭柜子。本项目要求制作一个密码锁，通过该项目的学习，掌握独立键盘与行列矩阵键盘的编程方法，以及使用软件消除按键抖动的方法。

项目四任务一

任务一　制作四按键密码锁

任务描述

制作一个密码锁，该密码锁共有 4 个按键，这四个按键分别代表数字 0、1、2、3，使用按键输入密码，如果密码正确，密码锁将被打开，否则将保持锁定状态（这里用 LED1 红灯亮表示密码锁被锁定，LED2 绿灯亮表示密码锁被打开）。

学习目标

1. 知识目标

1）了解键盘的分类和键盘按键抖动的原因；

2）掌握独立键盘的编程方法；

3）掌握使用软件消除按键抖动的方法；

4）识读独立键盘的常见硬件电路。

2. 技能目标

1）能够熟练编写独立式键盘控制程序；

2）能够使用软件消除键盘抖动带来的影响。

任务分析

完成本任务需要 4 个学时。在最小系统电路的基础上，将 P1.0 ~ P1.3 端口接 4 个微动开关 KEY1 ~ KEY4，用于输入密码，在 P2.0 和 P2.1 口接两个发光二极管 LED1 和 LED2，表示锁的状态。

制定任务流程图，如图 4-1 所示。

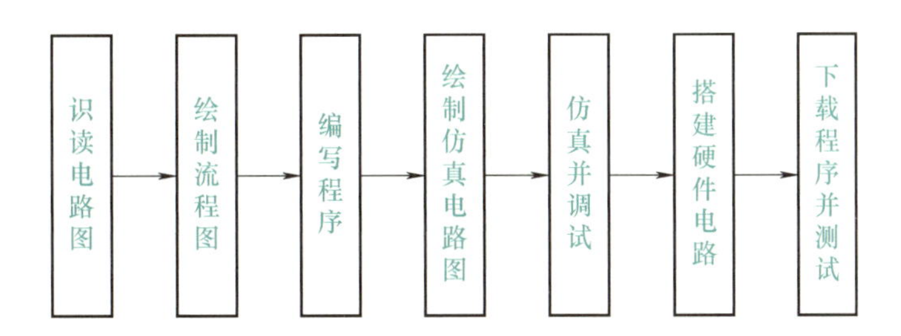

图 4-1　任务流程图

设备、仪器仪表及材料准备

计算机（含相关软件）1 台，USB 转 TTL 单片机下载器 1 个，30W 电烙铁 1 把，数字（或模拟）万用表 1 块，尖嘴钳、斜口钳、裁纸刀各 1 把，细导线、焊锡和松香若干。任务所需电子元器件见表 4-1。

任务实施

活动一：识读电路图

图 4-2 为简易四按键密码锁电路原理图。

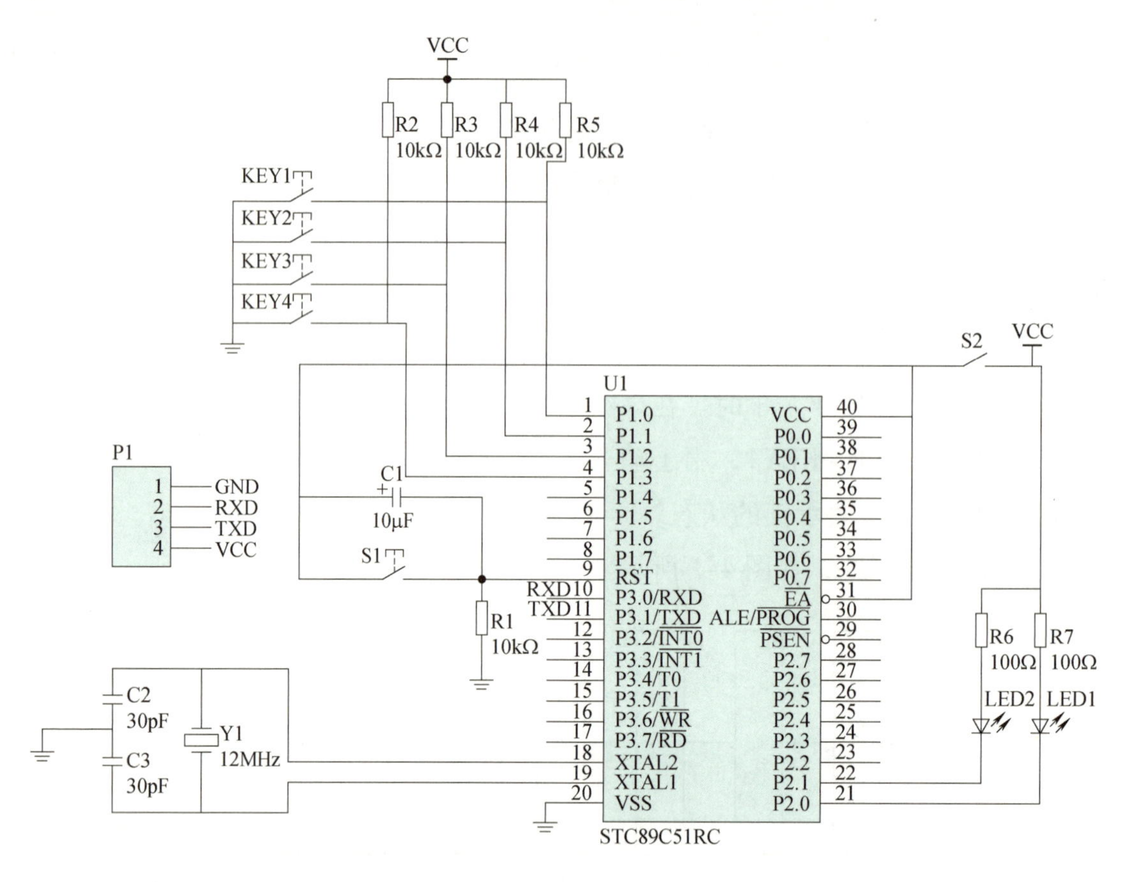

图 4-2 简易四按键密码锁电路原理图

活动二：绘制程序流程图（见图 4-3）

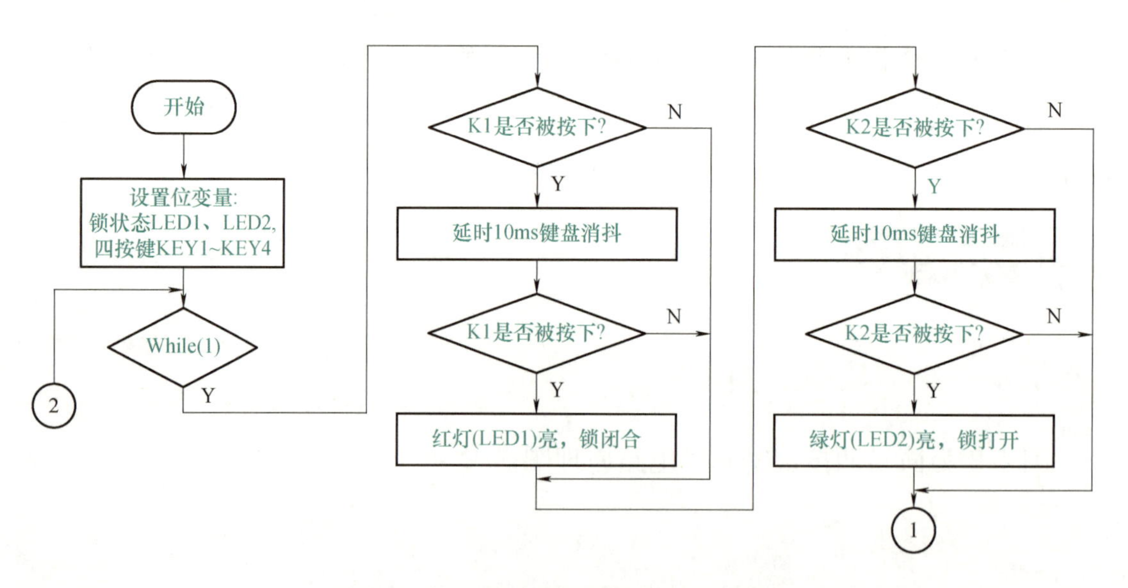

图 4-3 简易四按键密码锁程序流程图

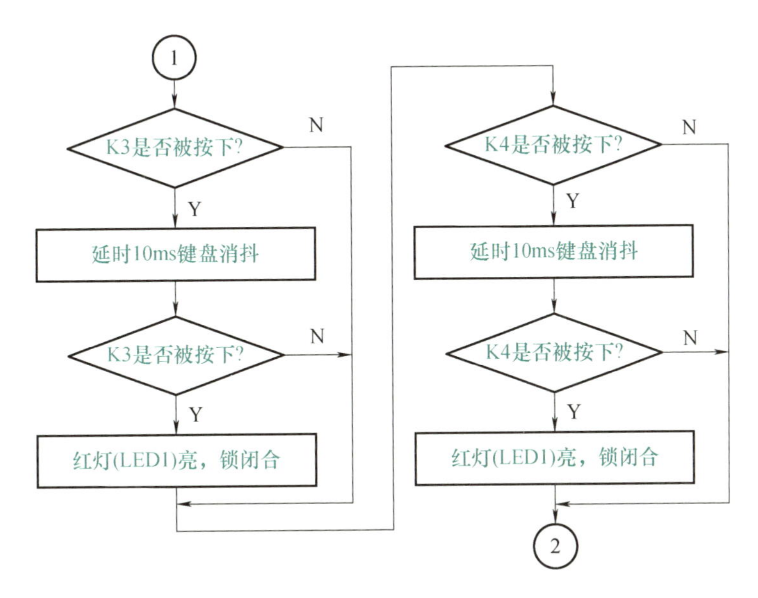

图 4-3 简易四按键密码锁程序流程图（续）

活动三：编写程序（根据程序流程图，将下列程序补充完整）

```
//参考程序-----四按键密码锁
#include "reg51.h"
#define uint unsigned int
#define uchar unsigned char
sbit LED1 = P2^0;                  //锁状态变量
sbit LED2 = P2^1;

sbit KEY1 = P1^0;                  //4 个独立按键
________;
sbit KEY3 = P1^2;
sbit KEY4 = P1^3;

//函数声明
void delay(unint ms);              //延时函数
void lock_on(void);                //锁开函数
void lock_off(void);               //锁闭函数
/*---------主函数---------*/
void main(void)
{
  while(1)
  {
      if(KEY1 ==0)
      {
          delay(10);               //延时 10ms 消抖
```

```
            if(KEY1 ==0)
            {
                lock_off();
            }
        }
        if(KEY2 ==0)
        {
            delay(10);
            if(KEY2 ==0)
            {
              ________;          //密码锁被打开
            }
        }
        if(KEY3 ==0)
        {
            delay(10);
            if(KEY3 ==0)
            {
                lock_off();
            }
        }
        if(KEY4 ==0)
        {
            delay(10);
            if(KEY4 ==0)
            {
                lock_off();
            }
        }
    }
}
/*---------锁打开函数---------*/
void lock_on(void)
{
    LED1 =1;
    LED2 =0;                    //绿灯亮,密码锁被打开
}
/*---------锁定函数---------*/
```

```
void lock_off(void)
{
    LED1 =0;
    LED2 =1;//红灯亮,密码锁被锁定
}
/ * --------- 延时函数--------- * /
void delay(uint ms)
{
    uchar i;
uint j;
    for(j =0;j <ms;j ++)
    {   for(i =0;i <125;i ++)
  }         {;}
}
```

活动四：绘制仿真电路图（见图 4-4）

此软件仿真图省略最小系统电路。

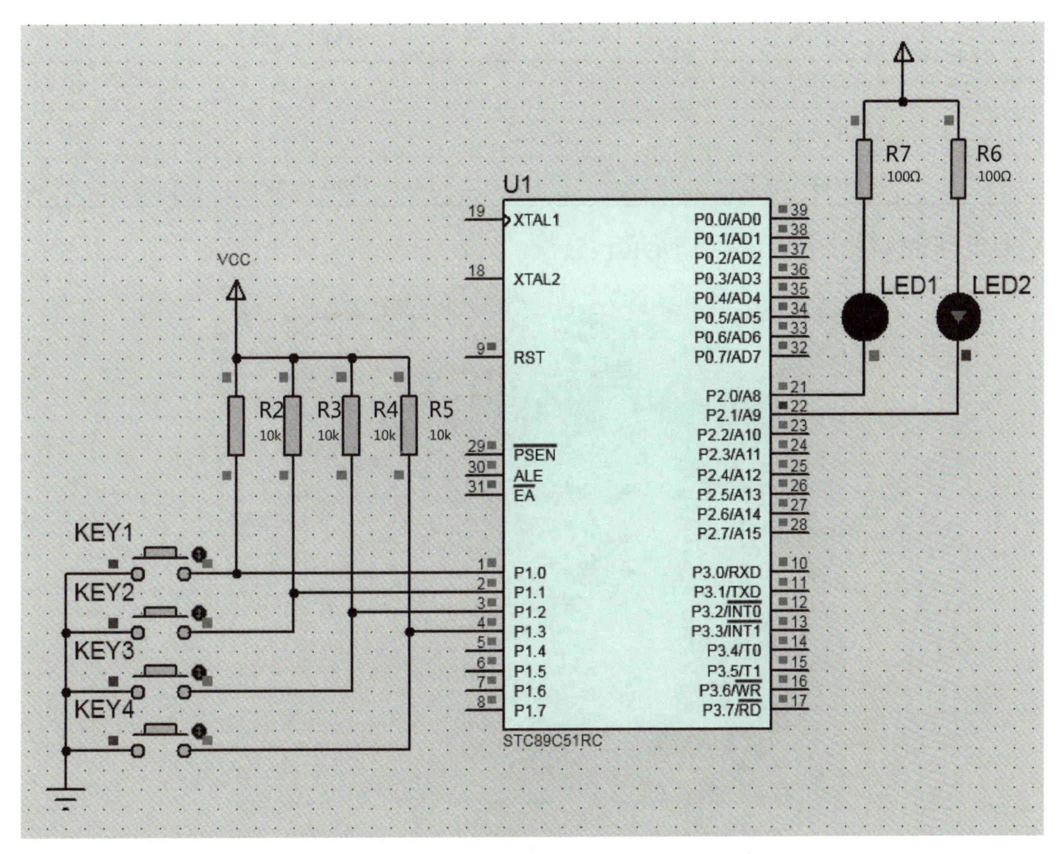

图 4-4 简易四按键密码锁仿真电路图

活动五：Proteus 仿真，调试程序

活动六：焊接电路

本电路所需元器件见表 4-1。

表 4-1 简易四按键密码锁电路元器件列表

序号	元器件名称	元器件标号	规格及标称值	数量
1	电解电容	C1	10μF	1 个
2	瓷片电容	C2、C3	30pF	2 个
3	电阻	R1 ~ R5	10kΩ	5 个
4	电阻	R6、R7	100Ω	2 个
5	发光二极管	LED1、LED2	ϕ5mm	2 个
6	微动开关	S1、KEY1 ~ KEY4	6mm × 6mm	5 个
7	排针	P1	单排 2.54mm	4 根
8	自锁开关	S2	8mm × 8mm	1 个
9	单片机	U1	STC89C51RC	1 个
10	晶振	Y1	12MHz	1 个
11	单片机插座		DIP40	1 个
12	单孔万能实验板		90mm × 70mm	1 块

本电路的实物图如图 4-5 所示。

图 4-5 简易四按键密码锁电路实物图

活动七：下载程序，验证结果

一、键盘简介

键盘是单片机应用系统中最常用的输入设备之一，它是由若干个按键按照一定规则组成的，每一个按键实际上是一个开关元件，按照构造可分为有触点开关按键、无触点开关按键两类。有触点开关按键有机械开关、微动开关、导电橡胶等；无触点开关按键有电容式按键、光电式按键和磁感应按键等。目前单片机应用系统中，主要采用独立式和行列矩阵式两大类键盘，独立式键盘适用于按键数目少于 8 个的场合，行列矩阵式键盘适用于按键数目大于 8 个的场合。

二、独立式键盘接口

独立式键盘接口的每个按键占用一根 I/O 接口线。独立式键盘接口电路如图 4-6所示，当某一按键被按下时，该键所对应的接口线将由高电平变为低电平。反过来，如果检测到某接口线为低电平，则可判断出该接口线对应的按键被按下。其特点如下：

1）各按键相互独立，电路配置灵活；

2）按键数量较多时，I/O 接口线耗费较多，电路结构较为繁杂；

3）软件结构简单，适用于按键数量较少的场合。

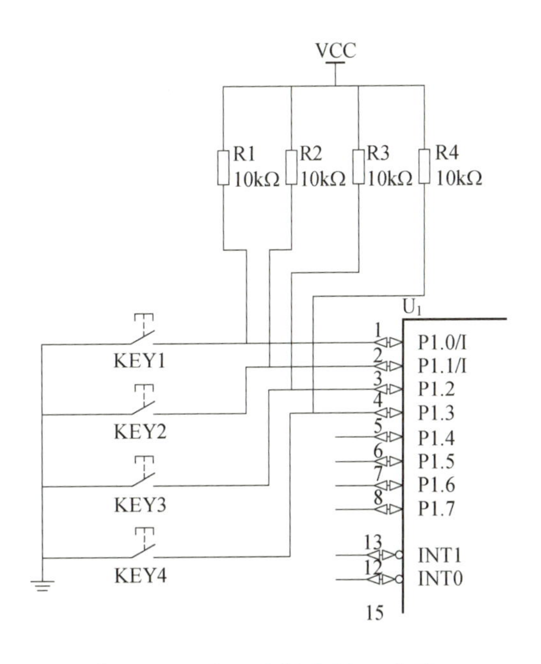

图 4-6 独立式键盘接口电路

三、按键抖动的原因及消除其影响的办法

单片机应用系统中键盘通常是由机械触点构成的，按下键盘中某一个键时，会产生抖动，抖动时间一般为 5 ~ 10ms，如图 4-7 所示，抖动现象会引起单片机

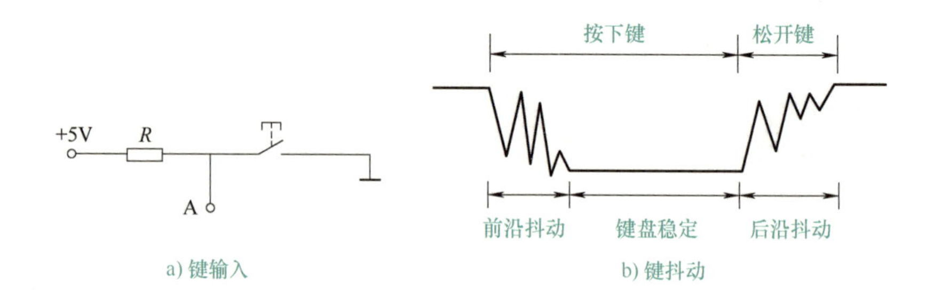

图 4-7 键输入和键抖动示意图

对一次按键操作进行多次处理，从而可能产生错误操作。消除抖动，可以采用硬件消抖，也可以采用软件消抖，软件消抖成本低，效果好，目前单片机应用系统中通常采用软件消抖方法。

软件消抖的具体方法如下：检测到按键按下后，执行延时 10ms 子程序，避开按键按下时的抖动时间，然后再确认该键是否确实按下，就可以消除抖动影响。按键软件消抖流程图如图 4-8 所示。

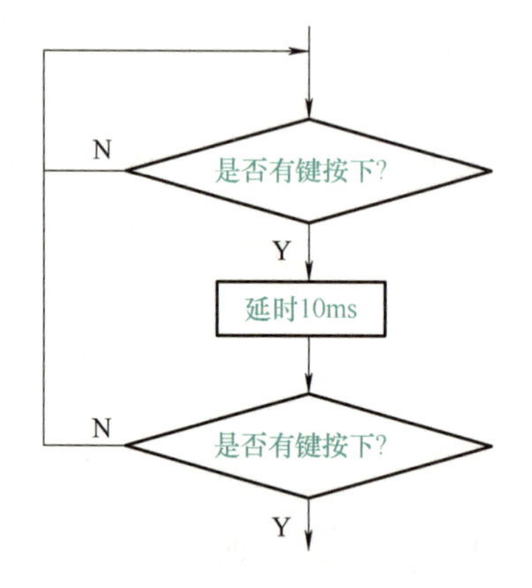

图 4-8 按键软件消抖流程图

编程实例：

```
if (key==0)
{
    delay(10);      //延时 10ms 消抖
    if (key==0)
    {
        …
    }
}
```

任务拓展

根据要求，绘制程序流程图和仿真电路图，用 Keil C51 编写 C51 源程序，并用 Proteus 进行仿真调试。

功能要求：制作一个密码锁，其功能如下：KEY1 和 KEY3 按键按顺序依次按下，密码锁会被打开，否则处于锁定状态。

任务二 制作 4×4 矩阵式键盘密码锁

项目四任务二

任务描述

制作 4×4 矩阵式键盘密码锁，要求在 4×4 矩阵键盘中输入 6 位密码“980417”，如果密码输入正确，按下确认键后，LED 会被点亮，否则 LED 不亮。

学习目标

1. 知识目标

了解 4×4 矩阵式键盘的硬件电路组成。

2. 技能目标

掌握 4×4 矩阵式键盘扫描函数的编写方法。

任务分析

要求在 4 个学时内完成如下工作：

1）识读电路原理图，掌握每一个元器件的作用；

2）绘制程序流程图，编写程序，并进行仿真调试程序；

3）按照工艺要求，焊接并装配电路；

4）下载程序，测试电路功能。

制定任务流程图，如图 4-9 所示。

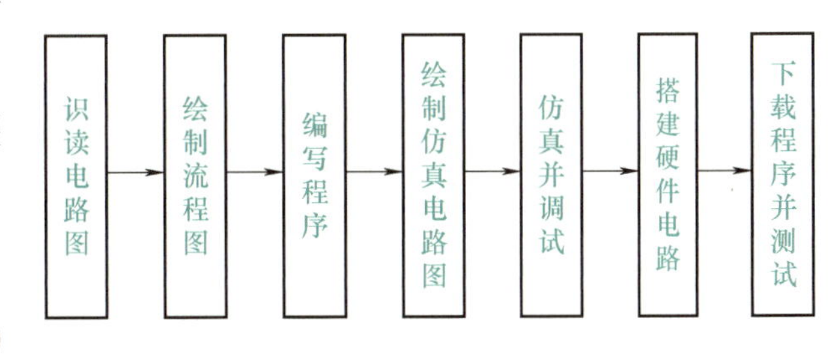

图 4-9 任务流程图

设备、仪器仪表及材料准备

计算机（含相关软件）1 台，USB 转 TTL 单片机下载器 1 个，30W 电烙铁 1 把，数字（或模拟）万用表 1 块，尖嘴钳、斜口钳、裁纸刀各 1 把，细导线、焊锡和松香若干。任务所需电子元器件见表4-2。

活动一：识读电路图

图4-10为4×4行列矩阵键盘，图4-11所示为4×4行列矩阵式键盘密码锁电路原理图。P1口外接16个微动开关，组成行列矩阵式键盘，P1.0～P1.3接键盘的行线，P1.4～P1.7接键盘的列线，在P2.0端口外接一个LED和一个限流电阻，当密码输入正确时，LED点亮，表示开锁。

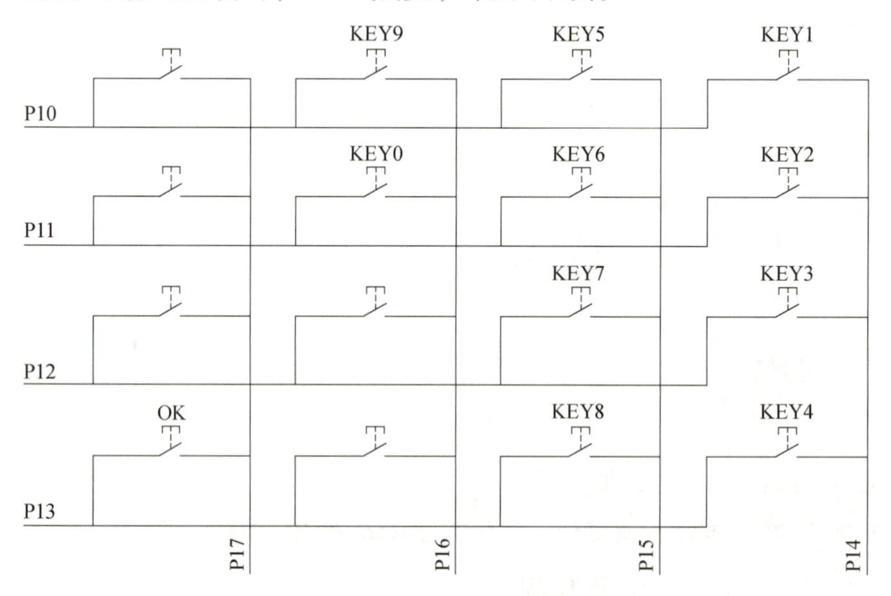

图4-10　4×4行列矩阵键盘

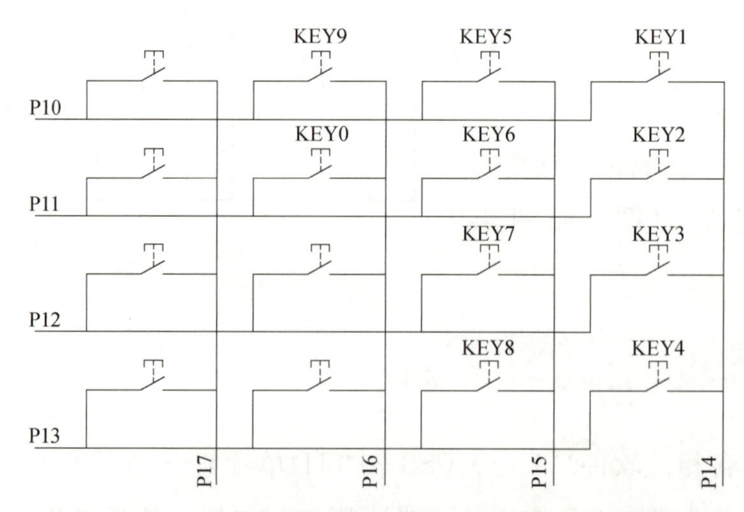

图4-11　4×4行列矩阵式键盘密码锁电路原理图

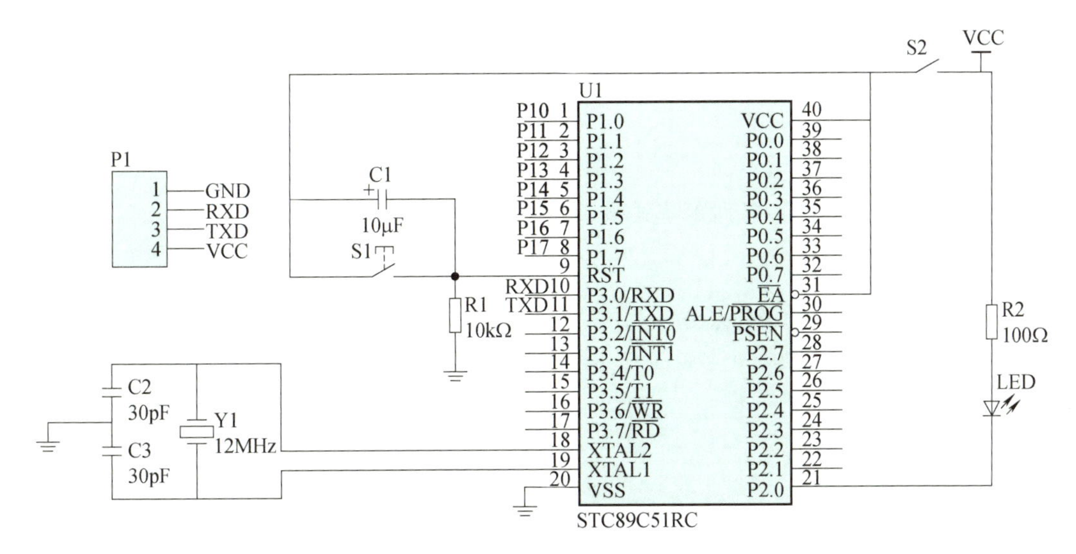

图 4-11　4×4 行列矩阵式键盘密码锁电路原理图（续）

活动二：绘制程序流程图

1. 绘制主函数流程图（见图 4-12）

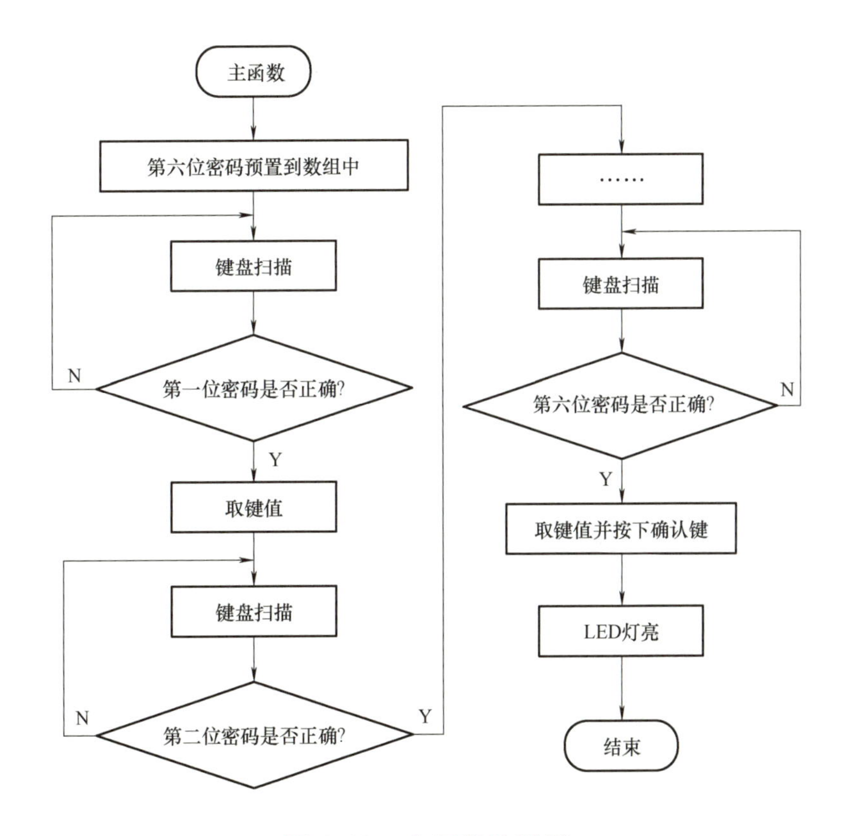

图 4-12　主函数流程图

2. 绘制键盘扫描函数流程图（由读者自行绘制）

活动三：编程

```
/*-------------------------行列矩阵式键盘密码锁(KEY16.C)--------------------------*/
#include "reg51.h"
#include "INTRINS.H"
#define uchar unsigned char
#define uint unsigned int
sbit P1_0 = P1^0;
sbit P1_1 = P1^1;
sbit P1_2 = P1^2;
sbit P1_3 = P1^3;
sbit LED = P2^0;
sbit LED1 = 1;                              //表示当前处于锁住状态
uchar D[] = {9,8,0,4,1,7};                  //预置密码
/*--------------------------------------延时函数-------------------------------------------*/
delay(uint ms)
{
    uchar i;
    while(ms--)
    {
        for(i = 0;i <125;i ++);
    }
}
/*--------------------------------------键盘扫描函数--------------------------------------*/
//返回键值 1 ~16,前 10 个键分别代表 1、2、3、4、5、6、7、8、9、0,第 16 个键表示"OK"
uchar KeyV()
{
    uchar key,key_value,a;
    P1 = 0x0f;
    if(P1 == 0x0f) return(0);           //检查是否有键按下
    else
    {
        delay(6);
        for(a = 0;a < 4;a ++)
        {
            P1 = _cror_(0x7f,a);        //循环右移函数,a 为移动位数
            if(P1_0 == 0) break;
            if(P1_1 == 0) break;
            if(P1_2 == 0) break;
            if(P1_3 == 0) break;
        }
        key = P1;
        for(;P1! = 0x0f;P1 = 0x0f)      //等待松开按键
```

```
        {;}
        switch(key)
        {
            case 0xee:key_value=1;break;  //1
            case 0xed:key_value=2;break;  //2
            case 0xeb:key_value=3;break;  //3
            case 0xe7:key_value=4;break;  //4
            case 0xde:key_value=5;break;  //5
            case 0xdd:key_value=6;break;  //6
            case 0xdb:key_value=7;break;  //7
            case 0xd7:key_value=8;break;  //8
            case 0xbe:key_value=9;break;  //9
            case 0xbd:key_value=0;break;  //0
            case 0xbb:key_value=11;break;
            case 0xb7:key_value=12;break;
            case 0x7e:key_value=13;break;
            case 0x7d:key_value=14;break;
            case 0x7b:key_value=15;break;
            case 0x77:key_value=16;break; //OK
            default:;break;
        }
        return(key_value);
    }
}
/*------------------------------主函数------------------------------------------------*/
main(void)
{

    uchar key_value=0xff;
    while(1)
    {
        while(key_value!=D[0])                          //与数组中预置的密码逐位比对
            {key_value=KeyV();}                         //键盘扫描,并取键值
        while(key_value!=D[1])
            {key_value=KeyV();}
        while(key_value!=D[2])
            {key_value=KeyV();}
        while(key_value!=D[3])
            {key_value=KeyV();}
          while(key_value!=D[4])
            {key_value=KeyV();}
          while(key_value!=D[5])
            {key_value=KeyV();}
          while(key_value!=16)
            {key_value=KeyV();}
        LED=0;                                          //密码比对正确,开锁
    }
}
```

活动四：绘制仿真电路图（见图 4-13）

此仿真电路图省略最小系统电路。

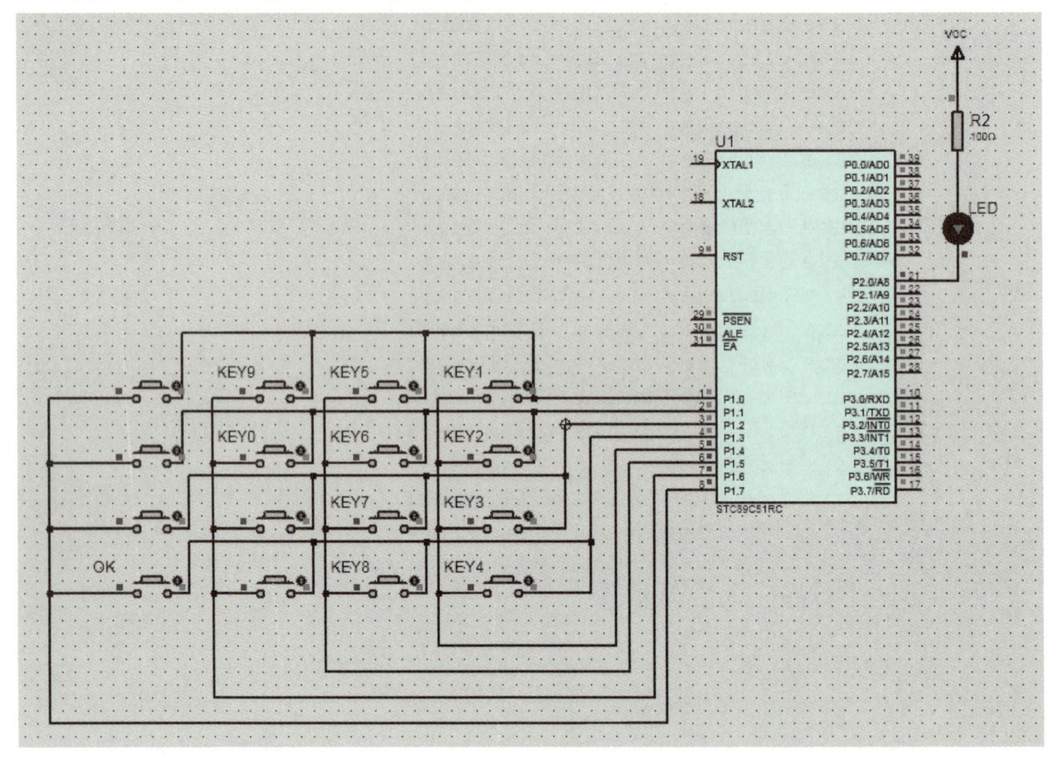

图 4-13　4×4 行列矩阵式键盘密码锁仿真电路图

活动五：软件仿真，并调试程序

活动六：硬件电路制作

表 4-2 为 4×4 行列矩阵式键盘密码锁电路元器件列表。

表 4-2　4×4 行列矩阵式键盘密码锁电路元器件列表

序　　号	元器件名称	元器件标号	规格及标称值	数　　量
1	电解电容	C1	10μF	1 个
2	瓷片电容	C2、C3	30pF	2 个
3	电阻	R1	10kΩ	1 个
4	电阻	R2	100Ω	1 个
5	发光二极管	LED	ϕ5mm	1 个
6	微动开关	S1、KEY1 ~ KEY16	6mm×6mm	17 个

（续）

序 号	元器件名称	元器件标号	规格及标称值	数 量
7	排针	P1	单排 2.54mm	4 根
8	自锁开关	S2	8mm×8mm	1 个
9	单片机	U1	STC89C51RC	1 个
10	晶振	Y1	12MHz	1 个
11	单片机插座		DIP40	1 个
12	单孔万能实验板		90mm×70mm	1 块

图 4-14 为 4×4 行列矩阵式键盘密码锁电路实物图。

图4-14 4×4 行列矩阵式键盘密码锁电路实物图

活动七：将程序下载到单片机中，验证其实际功能

知识链接

一、行列矩阵式键盘软件扫描方法

1）从 P1 口的高四位输出低电平，然后读取 P1 口数据，若输出的数据与读取的数据一致，表示没有键被按下，若不一致则表示有键被按下；

2）若有键被按下，再逐列扫描。从 P1 高四位逐列输出低电平，然后逐行读取 P1 口低四位数据，若某一行为低电平，则表示该行某一个键被按下，此时读取 P1 口对应的数据，就可以获得键盘的键值。

二、键盘的工作方式

键盘的响应速度取决于键盘的工作方式，键盘的工作方式应根据实际应用系统中 CPU 的工作状况而定，选取的原则是既要保证 CPU 能及时响应按键操作，又不要过多占用 CPU 的工作时间。通常，键盘的工作方式有三种，即编程扫描、定时扫描和中断扫描。

1. 编程扫描方式

编程扫描方式是利用 CPU 完成其他工作的空余时间，调用键盘扫描子程序来响应键盘输入的要求。在执行按键的功能程序时，CPU 不再响应其他按键的输入要求，直到 CPU 重新扫描键盘为止。

键盘扫描程序一般应包括以下内容：

1）判断是否有键按下；

2）键盘扫描取得闭合键的行、列值；

3）用计算法或查表法得到键值；

4）判断闭合键是否释放，如未释放则继续等待；

5）将闭合键键号保存，同时转去执行该闭合键的功能。

2. 定时扫描方式

定时扫描方式就是每隔一段时间对键盘扫描一次，它利用单片机内部的定时器产生一段时间间隔（例如 10ms）的定时。当定时时间到就产生定时器溢出中断，CPU 响应中断后对键盘进行扫描，并在有键按下时识别出该键，再执行该键的功能程序。

3. 中断扫描方式

采用上述两种键盘扫描方式，无论是否按键，CPU 都要对扫描键盘进行扫描，而单片机应用系统工作时，并非经常需要键盘输入，当无键按下时，扫描键盘的过程就相当于浪费了 CPU 的工作时间，即 CPU 此时处于空扫描状态，是无效的工作。

为提高 CPU 工作效率，可采用中断扫描工作方式。其工作过程如下：当无键按下时，CPU 处理其他工作，当有键按下时，产生中断请求，CPU 转去执行键盘扫描子程序，识别键号，进而完成键盘的功能。

中断和定时技术随后将进行详细介绍。

任务拓展

根据要求，绘制程序流程图和仿真电路图，用 Keil C51 编写 C51 源程序，并用 Proteus 进行仿真调试。

功能要求：设置修改密码功能，增加一个“修改密码”键，按下“修改密码”键后，可输入新密码，然后再按一次“修改密码”键确认此密码有效。修改密码期间，LED1 闪亮，修改结束后，LED1 熄灭。

项目小结

本项目从独立按键入手，延伸到行列矩阵键盘，循序渐进地了解了键盘扫描编程方法以及相关理论知识，主要知识点如下：

1）目前单片机应用系统中，主要采用独立式和行列矩阵式两大类键盘，独立式键盘适用于按键数目少于 8 个的场合，行列矩阵式键盘适用于按键数目大于 8 个的场合。

2）独立式键盘接口的每个按键占用一根 I/O 接口线。当某一按键被按下时，该键所对应的接口线将由高电平变为低电平。

3）单片机应用系统中，键盘通常是由机械触点构成，按下键盘中某一个键时，会产生抖动，抖动时间一般为 5 ~ 10ms。消除抖动，可以采用硬件消抖，也可以采用软件消抖，软件消抖成本低，效果好，目前单片机应用系统中通常采用软件消抖的方法。

4）行列矩阵式键盘软件扫描方法如下：

① 从 P1 口的高四位输出低电平，然后读取 P1 口数据，若输出的数据与读取的数据一致，表示没有键被按下，若不一致则表示有键被按下；

② 若有键被按下，再逐列扫描。从 P1 高四位逐列输出低电平，再逐行读取 P1 口低四位数据，若某一行为低电平，则表示该行某一个键被按下，此时读取 P1 口对应的数据，就可以获得键盘的键值。

5）通常，键盘的工作方式有 3 种，即编程扫描、定时扫描和中断扫描。

评价分析

完成项目评价反馈表，见表 4-3。

表 4-3　项目评价反馈表

评价内容	分值	自我评价	小组评价	教师评价	综合	备注
简易四按键密码锁	40 分					
4×4 行列矩阵式键盘密码锁	60 分					
合计	100 分					
取得成功之处						
有待改进之处						
经验教训						

项目习题

一、填空题

1. 键盘中断扫描方式的特点是__________________。

2. 单片机应用系统中，键盘通常是由机械触点构成，按下键盘中某一个键时，会产生抖动，抖动时间一般为__________。

3. 通常，单片机键盘的工作方式有 3 种，即__________、__________和__________。

二、选择题

1. 某一应用系统需要 12 个功能键，通常采用（　　）方式更好。

A. 独立式键盘　B. 矩阵式键盘　C. 动态键盘　D. 静态键盘

2. 在按键按下和断开时，触点在闭合和断开瞬间会产生抖动，常采用的消除抖动方法有（　　）。

A. 硬件去抖　B. 软件去抖　C. 硬、软件两种方法　D. 单稳态电路去抖

3. 以下不属于独立按键特点的是（　　）。

A. 各按键相互独立，电路配置灵活

B. 按键数量较多时，I/O 接口线耗费较多，电路结构较繁杂

C. 软件结构简单，适用于按键数量较少的场合

D. 编程需要先扫描行，再扫描列来判断哪个按键被按下

三、简答题

1. 行列矩阵键盘的扫描方法是怎样的？

2. 请对比介绍一下编程扫描、定时扫描和中断扫描的优缺点。

项目五 航标灯

项目描述

海上船只航行时，需要航标灯的指引，本项目是制作一盏航标灯，要求航标灯能按照一定规律闪烁。通过本项目的学习，了解定时器/计数器和外中断的结构和工作原理，掌握定时器中断和外中断的编程方法。

任务一 制作秒闪航标灯

项目五任务一

任务描述

制作一盏秒闪航标灯，要求航标灯（用 LED 模拟）每秒钟闪烁一次。

学习目标

1. 知识目标

1）了解定时器/计数器的基本结构；

2）了解定时器/计数器的工作原理。

2. 技能目标

1）能够熟练编写定时器/计数器初始化程序；

2）能够熟练编写定时器/计数器中断服务函数。

任务分析

硬件电路和仿真电路与项目二相同，可以直接使用项目二的硬件电路板和仿真电路图。本项目的重点是学习定时器和计数器的编程，学会使用单片机内部的定时器和计数器。

要求在4个学时内，完成如下工作：

1）识读电路原理图，掌握每一个元器件的作用；

2）绘制程序流程图，编写程序，并仿真调试程序；

3）下载程序，测试电路功能。

设备、仪器仪表及材料准备

计算机（含相关软件）1台，USB转TTL单片机下载器1个，30W电烙铁1把，数字（或模拟）万用表1块，尖嘴钳、斜口钳、裁纸刀各1把，细导线、焊锡和松香若干。任务所需电子元件器参考项目二。

任务实施

活动一：识读电路图（参见项目二任务一硬件电路图）

活动二：绘制主程序及中断服务子程序流程图（见图5-1和图5-2）

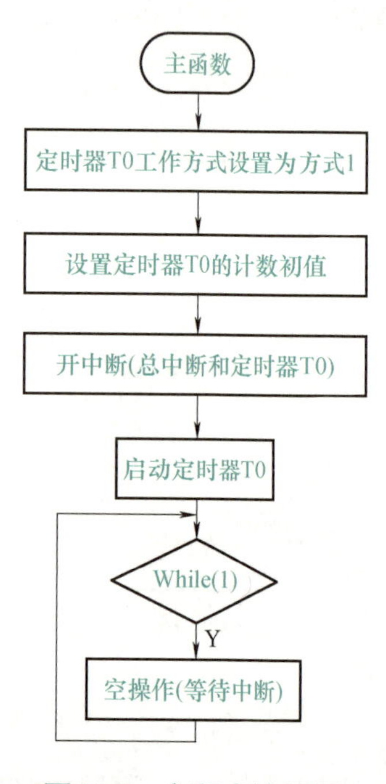

图5-1　主程序流程图

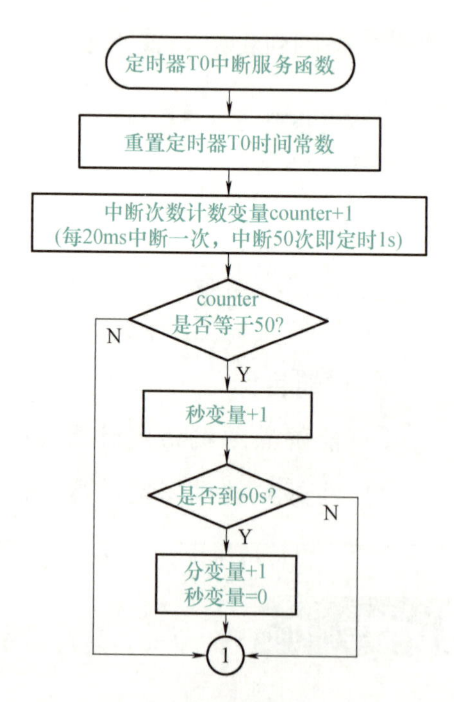

图5-2　中断服务子程序流程图

编程思路：使用定时器 T0 中断，编写一个定时器中断服务函数，每 20ms 中断一次，设置一个全局变量 counter，用来记录中断的次数，每中断一次 counter 就加 1，当中断次数达 50 次以后（20ms × 50 = 1000ms = 1s），定时时间为 1s，此时将 LED1 所在的端口取反，发光二极管 LED1 就可以每秒闪烁一次了。

活动三：KeilC51 编程（根据程序流程图，将下列程序代码补充完整）

```
//参考程序---“秒闪航标灯”
#include "reg51.h"
#define uchar unsigned char
sbit LED1 = P1^0;
uchar counter = 0;                    //中断次数计数器清 0(全局变量)
/*----------定时器 T0 中断服务函数-------------------- */
void timer0() interrupt 1 using 0    //定时器 T0 的中断号为 1,使用 0 号寄存器组
{
    ________;                         //重装定时器 T0 的时间常数初值
    TL0 = -20000%256;
    counter ++;                       //中断次数计数变量加 1
    if(counter == 50)                 //每 20ms 中断一次,中断 50 次即 1s
    {
        LED1 = ~LED1;                 //LED1 取反,彩灯闪烁
        counter = 0;                  //中断次数计数变量清零
    }
}
/*------------------------------ 主函数-------------------------------------------- */
void main(void)
{
    TMOD = 0x01;                      //采用定时器 T0 方式 1(16 位定时器)
    TH0 = -20000/256;                 //设置定时器初值 20ms ×12MHz/12 =20000
    TL0 = -20000%256;
    EA = 1;                           //打开总中断
    ________;                         //打开定时器 T0 中断
    ________;                         //启动定时器 T0,开始定时
    while(1)                          //等待中断
    {;}
}
```

活动四：Proteus 软件仿真，调试程序（参见项目二任务一仿真电路图）

由读者自行完成软件仿真，并调试程序的任务。

活动五：下载程序，验证其实际功能

由读者自行将程序下载到单片机中并验证其实际功能。

知识链接

在日常生活和生产实际中，经常会用到单片机的计数和定时功能，如对生产线上的产品进行计数、电动机测速，或者对外部设备进行定时控制，如控制热水器延时启动、控制微波炉加热时间等。

一、认识定时器/计数器

1. 计数器

单片机内部有 T0 和 T1 两个计数器，分别由两个 8 位寄存器构成，T0 由 TH0 和 TL0 两个 8 位特殊功能寄存器构成，T1 由 TH1 和 TL1 构成，T0 和 T1 都是 16 位的计数器，其计数范围为 0～65535，51 单片机的计数器采用的是加 1 计数，当计满 65536 个数后，会产生计数溢出中断，通知单片机完成相应的工作。单片机计数方法示意图如图 5-3 所示。

定时器/计数器

P3.4/P3.5 → 定时器/计数器 → 中断系统（计数溢出中断）

图 5-3　单片机计数方法示意图

2. 定时器

51 单片机内部计数器经常被作为定时器来使用。单片机内部有一个时钟振荡器，它可以产生时钟脉冲信号，假设其频率为 12MHz，经过 12 分频以后，就可以得到频率为 1MHz 的信号，即每个脉冲的周期为 1μs，计数器对此脉冲进行计数，当计满 65536 个脉冲时，共需要 65536μs＝65. 536ms，也就是说其最长定时时间为 65. 536ms，通过设定初值，就可以得到某一定时时间。定时时间到达规定时间时，同样也会产生计数溢出中断，通知单片机完成相应的任务。单片机定时方法示意图如图 5-4 所示。

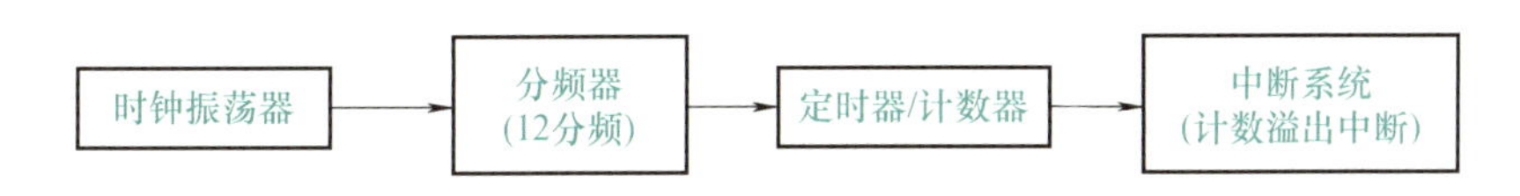

图 5-4　单片机定时方法示意图

二、定时器/计数器的结构

定时器/计数器 T0、T1 的逻辑结构如图 5-5 所示。定时器/计数器 T0 由特殊功能寄存器 TH0、TL0 构成，定时器/计数器 T1 由特殊功能寄存器 TH1、TL1 构成，两个 8 位计数器构成 1 个 16 位计数器，两者均为加 1 计数器。

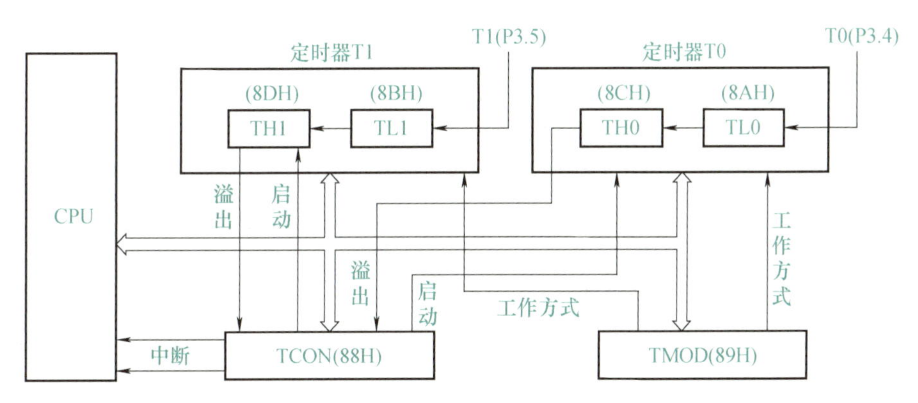

图 5-5　定时器/计数器结构示意图

三、定时器/计数器的控制

定时器/计数器必须在方式控制寄存器（TMOD）和控制寄存器（TCON）的控制下才能正常工作，因此必须掌握 TMOD 和 TCON 的设置方法。

1. TMOD（定时器/计数器方式控制寄存器）

TMOD 用于控制 T0 和 T1 的工作方式，低 4 位用于控制 T0，高 4 位用于控制 T1，8 位格式如图 5-6 所示，TMOD 特殊功能寄存器的地址为 89H。

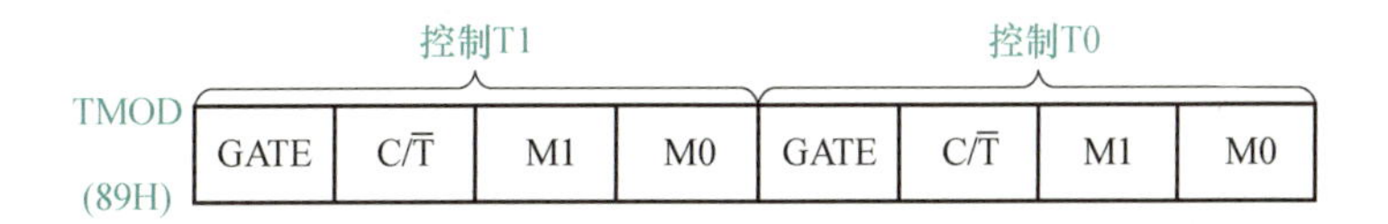

图 5-6　定时器方式控制寄存器 TMOD 的格式

TMOD 各位的控制功能说明如下：

1）M0、M1：工作方式控制位。

M0、M1 共有 4 种工作方式，其对应关系见表 5-1。

表 5-1　定时器/计数器的工作方式选择方法

M1	M0	工作方式	计数器功能
0	0	方式 0	13 位计数器
0	1	方式 1	16 位计数器
1	0	方式 2	自动重装初值的 8 位计数器
1	1	方式 3	T0：分为两个 8 位独立计数器；T1：停止计数

2）$C/\overline{T}$：定时器/计数器模式控制选择位。$C/\overline{T}=0$ 时为定时器工作方式，$C/\overline{T}=1$时为计数器工作方式，计数器对外部输入引脚 P3.4 或 P3.5 的外部脉冲负跳变（也称负跳沿）进行计数。

3）GATE：门控位。GATE =0 时，仅由控制寄存器 TCON 的运行控制位 TR0 或 TR1 为“1”来启动定时器/计数器的运行；GATE =1 时，由控制寄存器 TCON 的运行控制位 TR0 或 TR1 为“1”，和外中断引脚 P3.2、P3.3 上的高电平共同来启动定时器/计数器。

2. TCON（定时器/计数器控制寄存器）

TCON 是一个 8 位特殊功能寄存器，其地址为 88H，TCON 的主要功能是接收中断送来的中断请求信号，同时也对定时器/计数器进行启动和停止控制，这里主要用到 TCON 的高 4 位，高 4 位用于控制定时器/计数器的启动和中断申请，低 4 位与外部中断有关，这里不进行介绍，见表 5-2。

表 5-2　定时器/计数器的控制寄存器 TCON 的格式

TF1	TR1	TF0	TR0				

1）TR0 和 TR1：分别是定时器/计数器 T0 和 T1 的启动控制位。编程时将该位设置为“1”，表示启动该定时器/计数器工作，若设置为“0”表示停止该定时器/计数器工作。

2）TF0 和 TF1：分别是定时器/计数器 T0 和 T1 溢出标志位。当定时器/计数器产生溢出时，会将此位置为“1”，表示该定时器/计数器有中断请求。

注意

用户只能查询 TF0 和 TF1 的状态，其状态是由硬件自动写入的，不能使用编程的方法对其进行写操作。

定时器/计数器 T0 和 T1 是在 TMOD 和 TCON 的联合控制下进行定时或计数工作的，其输入时钟和控制逻辑可用图 5-7 综合表示。

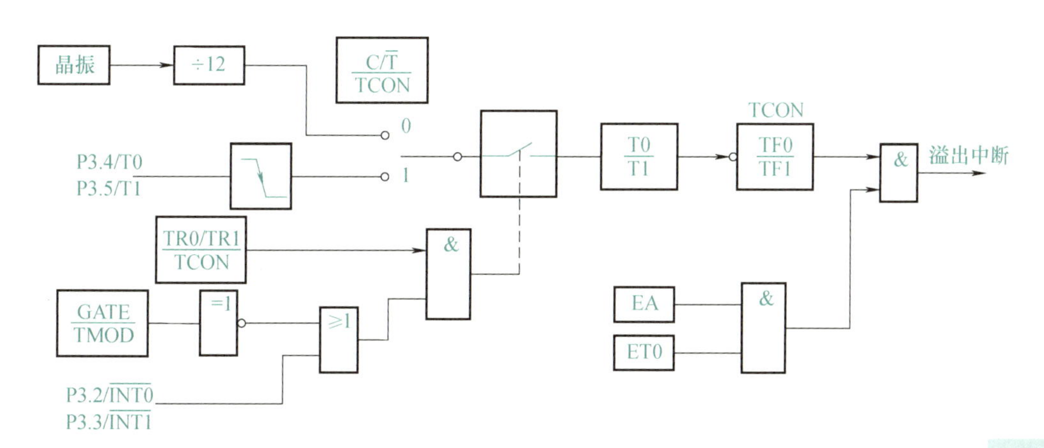

图 5-7 T0 和 T1 输入时钟与控制逻辑图

定时器/计数器
工作方式

四、定时器/计数器的工作方式

1. 工作方式 0

当 M1、M0 为“00”时，定时器/计数器处于方式 0 工作状态。如图 5-8所示为定时器/计数器 T0 的结构框图。

方式 0 时，定时器/计数器被设置为一个 13 位的计数器，这 13 位由 TH0 的高 8 位和 TL0 中的低 5 位组成，其中 TL0 中的高 3 位不用。TL0 低 5 位溢出则向 TH0 进位，TH0 计数溢出则置位 TCON 中的溢出标志位 TF0 或 TF1。

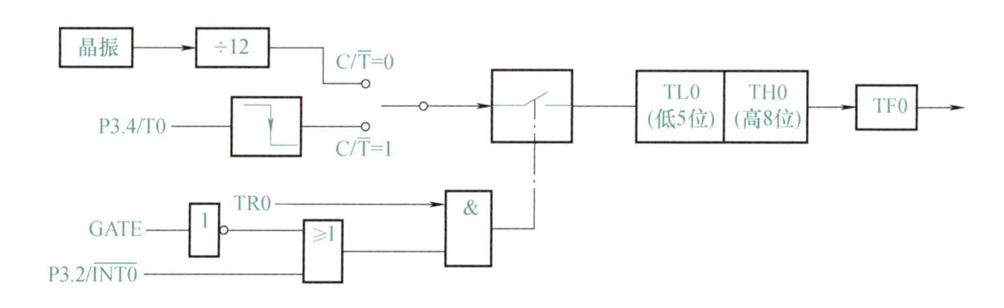

图 5-8 定时器/计数器 T0 在方式 0 下的结构框图

图中，$C/\overline{T}$位控制的电子开关决定了定时器/计数器的工作模式。

1）当 $C/\overline{T}=0$ 时，T0 选择为定时器模式，对 CPU 内部机器周期加 1 计数，其定时时间为 $T=(8192-\text{T0 初值})\times$机器周期。

小贴士

机器周期 = 时钟周期 ×12 = 12 ÷ 晶振频率

2）当 $C/\overline{T}=1$ 时，T0 选择为计数器模式，对 T0（P3.4）引脚输入的外部电平信号由“1”到“0”的负跳变进行加 1 计数。

GATE 位的状态决定了定时器/计数器运行控制的方式，可选择是 TR0 一个条件控制，还是 TR0、$\overline{\text{INT0}}$引脚这两个条件控制。

1）当 GATE = 0 时，或门的另一输入信号$\overline{\text{INT0}}$将不起作用，仅用 TR0 来控制 T0 的启动与停止。

2）当 GATE = 1 时，$\overline{\text{INT0}}$和 TR0 同时控制 T0 的启/停。只有当两者都为“1”时，定时器 T0 才能启动计数。

调试经验

在方式 0 下，若石英晶体为 12MHz，则一个机器周期时间为 12 ÷ 12MHz = 1μs，其最长定时时间为 2^{13} μs = 8192μs，若要取得 tμs 的定时，需要对 TH0 和 TL0 进行如下设置：

TL0 = (8192 − t) %32　　TH0 = (8192 − t)/32

C51 编程如下：

```
TL0 = (8192 - t)%32
TH0 = (8192 - t)/32
```

小问题

若石英晶体为 6MHz，其最长定时时间为多少？若石英晶体为 24MHz，其最长定时时间为多少？

2. 工作方式 1

当 M1、M0 为“01”时，定时器/计数器工作于方式 1，这时定时器/计数器被设置为一个 16 位加 1 计数器，该计数器由高 8 位 TH 和低 8 位 TL 组成，其定时

时间为 $T=(65536-\mathrm{T0}\ 初值)\times$ 机器周期。定时器/计数器在方式 1 下的工作情况与在方式 0 下的工作情况基本相同，差别只是计数器的位数不同，这里不再赘述。

方式 0 与方式 1 中，计数溢出后，若要重新开始计数，需要使用软件编程的方法对 TH 与 TL 的初值进行重装操作。

调试经验

在方式 1 下，若石英晶体晶振频率为 12MHz，则一个机器周期时间为 $12\div 12\mathrm{MHz}=1\mu\mathrm{s}$，其最长定时时间为 $2^{16}\mu\mathrm{s}=65536\mu\mathrm{s}$，若要取得 $t\mu\mathrm{s}$ 的定时，需要对 TH0 和 TL0 进行如下设置：

TL0 = (65536 − t) % 256　　　TH0 = (65536 − t)/256

C51 编程如下：

TL0 = (65536 − t) %256

TH0 = (65536 − t)/256

3. 工作方式 2

当 M1、M0 为“10”时，定时器/计数器处于工作方式 2，这时定时器/计数器的结构框图如图 5-9 所示（以 T0 为例）。

定时器/计数器方式 2 为自动恢复初值的 8 位定时器/计数器。TL0 与 TH0 同时存放时间常数初值，当 TL0 计数溢出时，首先将 TF0 置“1”，然后自动将 TH0 中预存的初值送至 TL0，使 TL0 从初值开始重新计数。

这种工作方式省去了用户软件重装初值的程序，可以更加精确的确定定时时间。

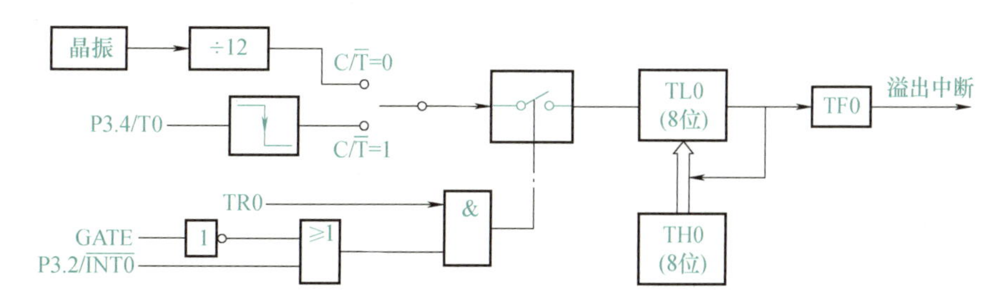

图 5-9　定时器/计数器方式 2 下的结构框图

调试经验

在方式2下，若石英晶体晶振频率为12MHz，则一个机器周期时间为 $12 \div 12\text{MHz} = 1\mu s$，其最长定时时间为 $2^8 \mu s = 256\mu s$，若要取得 $t\mu s$ 的定时，需要对TH0和TL0进行如下设置：

$TL0 = 256 - t \qquad TH0 = 256 - t$

C51编程如下：

$TL0 = 256 - t$

$TH0 = 256 - t$

程序举例：利用定时器T0工作方式2实现1s延时，使LED每秒闪烁1次。

```
#include <reg51.h>
#define uint unsigned int
sbit LED = P1^0;
void delay1s();
void main()
{
    TMOD = 0x02;                //设置 T0 为方式 2
    TH0 = 256 - 250;            //设置定时器初值,定时 250μs
    TL0 = 256 - 250;
    while(1)
    {
    LED = ~LED;                 //LED 每秒闪烁 1 次
    delay1s();
    }

}
void delay1s()
{
    uint  i;                    //i 取值范围为 0 ~ 4000,因此不能定义成 un-
                                  signed char
    for(i = 0;i < 4000;i ++){   //设置 250ms  ×4000 = 1s
    TR0 = 1;                    //启动定时器 T0
    while(! TF0);               //查询计数是否溢出,即定时 250ms 时间到,TF0 = 1
    TF0 = 0;
    TR0 = 0;                    //停止定时器 T0
    }
}
```

这是一种常用的定时器精确延时方法，常用于延时时间要求比较严格的场合。

五、定时/计数程序的编写方法

1. 初始化程序的编写方法

基本步骤如下：

1）设置工作方式（TMOD = ?）；

2）设置时间常数（定时器工作方式）或计数值（计数器工作方式）TH0、TL0（或 TH1、TL1）；

3）开启总中断（EA = 1）；

4）开启定时/计数中断（ET0 = 1 或 ET1 = 1）；

5）开启动定时器/计数器工作（TR0 = 1 或 TR1 = 1）。

程序举例：用定时器 T0（方式 1）定时 10ms（假设单片机晶振频率为 12MHz），程序见表 5-3。

表 5-3　程序和注释

程序代码	注　释
void main (void)	
{	
TMOD = 0x01;	//采用定时器 T0 方式 1
TH0 = -10000/256;	//定时器时间常数高 8 位
TL0 = -10000%256;	//定时器时间常数低 8 位
EA = 1;	//开启总中断
ET0 = 1;	//开启定时器 T0 中断
TR0 = 1;	//启动定时器 T0 开始定时
}	

2. 中断服务函数的编写方法

程序举例：定时器 T0 中断服务函数每 20ms 产生一次中断。

```
/*-----------定时器 T0 中断服务函数-------------------------*/
timer0() interrupt 1 using 0     //interrupt 1 定时器 T0 中断,using 0 采用内
                                  部寄存器组 R0
```

```
{
    TH0 = -20000/256;                //重装定时器时间常数初值
    TL0 = -20000% 256;
    ……
}
```

上面这段程序中，“interrupt 1”表示该中断服务函数为定时器 T0 中断，因为定时器 T0 的中断号为 1，“using 0”表示中断服务函数采用内部寄存器组 R0，单片机内部共有 R0 ~ R3 四个寄存器组，不同的中断服务函数最好采用不同的寄存器组。

在定时器 T0 方式 1 下，每中断一次需要重新装载定时器 T0 的时间常数初值，为下一次中断做好准备。

任务拓展

修改航标灯闪烁的频率：要求亮 2s，灭 1s。

根据要求，绘制电路原理图、仿真电路图和程序流程图，用 KeilC51 编写 C51 源程序，并用 Proteus 进行仿真调试。

项目五任务二

任务二　制作可控航标灯

任务描述

制作一个可控航标灯，用某一按键控制航标灯，按键第一次按下表示黑夜，航标灯开始闪烁；第二次按下表示白天，航标灯停止闪烁。

学习目标

1. 知识目标

了解单片机中断系统的组成。

2. 技能目标

1）能够熟练编写外部中断的初始化函数；

2）能够熟练编写外部中断服务函数。

任务分析

要求在 4 个学时内，完成如下工作：

1）识读电路原理图，掌握每一个元器件的作用；

2）绘制程序流程图，编写程序，仿真调试程序；

3）按照工艺要求，焊接并装配电路；

4）下载程序，测试电路功能。

设备、仪器仪表及材料准备

计算机（含相关软件）1 台，USB 转 TTL 单片机下载器 1 个，30W 电烙铁 1 把，数字（或模拟）万用表 1 块，尖嘴钳、斜口钳、裁纸刀各 1 把，细导线、焊锡和松香若干。任务所需电子元器件见表 5-4。

任务实施

活动一：识读电路图

在单片机的 P3.2（$\overline{\text{INT0}}$）引脚接一个按钮开关 S3，用于控制航标灯的闪烁与否，在 P1.0 接一个发光二极管 LED1，模拟航标灯闪烁。电路原理图如图 5-10 所示。

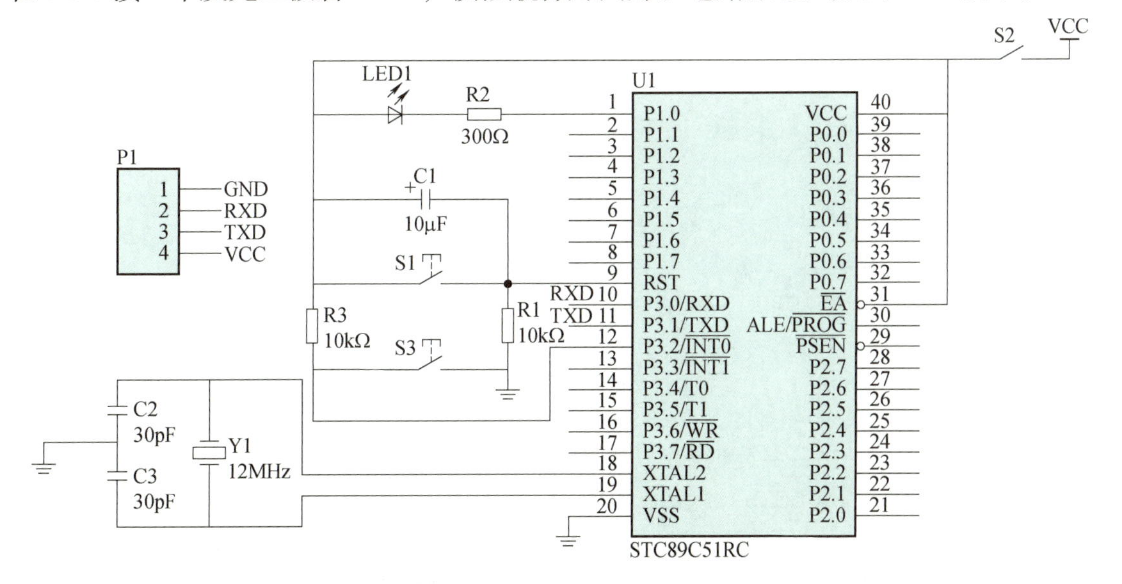

图 5-10　可控航标灯电路原理图

活动二：绘制程序流程图

1. 绘制主程序流程图（见图 5-11）

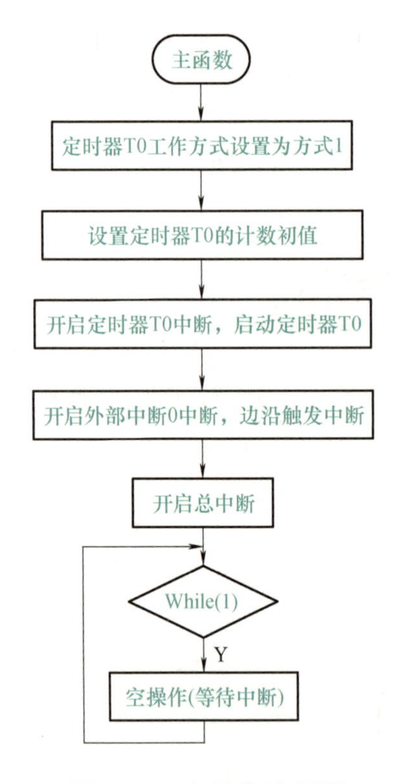

图 5-11　主程序流程图

2. 绘制定时器 T0 中断服务函数流程图（同任务一）

3. 绘制外中断 0 服务函数流程图（分组讨论，自行绘制）

活动三：KeilC51 编程

```
//可控“航标灯”程序
#include "reg51.h"
#define uchar unsigned char
sbit LED1 = P1^0;
uchar counter = 0;                    //中断次数计数器清 0(全局变量)
bit sw = 0;
/*---------------------------定时器 T0 中断服务函数----------------------------------------*/
timer0() interrupt 1 using 0
{
    TH0 = -20000/256;               //重装定时器时间常数初值
```

```
    TL0 = -20000% 256;              //中断次数加1
    counter++;
    if(counter==50)                 //每20ms中断一次,中断50次即1s
    {
        LED1 = ~LED1;               //LED1取反,彩灯闪烁
        counter=0;                  //中断次数计数器清0
    }
}
/*---------------------------外中断0中断服务函数--------------------------------------*/
void int0(void)  interrupt 0        //外中断0的中断号为0
{
    sw=~sw;//启动或停止"航标灯"闪烁
}
/*---------主函数---------*/
void main(void)
{
    TMOD=0x01;                      //采用定时器T0方式1(16位定时器)
    TH0 = -20000/256;               //设置定时器初值20ms×12/12=20000
    TL0 = -20000% 256;
    ET0=1;                          //允许定时器T0中断
    EX0=1;                          //允许外中断0中断
    IT0=1;                          //下降沿触发
    EA=1;                           //开启总中断
    while(1)                        //等待中断
    {
      if(sw)
      TR0=1;
      else
      TR0=0;
      }
}
```

活动四：绘制仿真电路图（见图5-12）

仿真图省略最小系统电路。

活动五：软件仿真，调试程序

活动六：搭建硬件电路

所需元器件见表5-4。

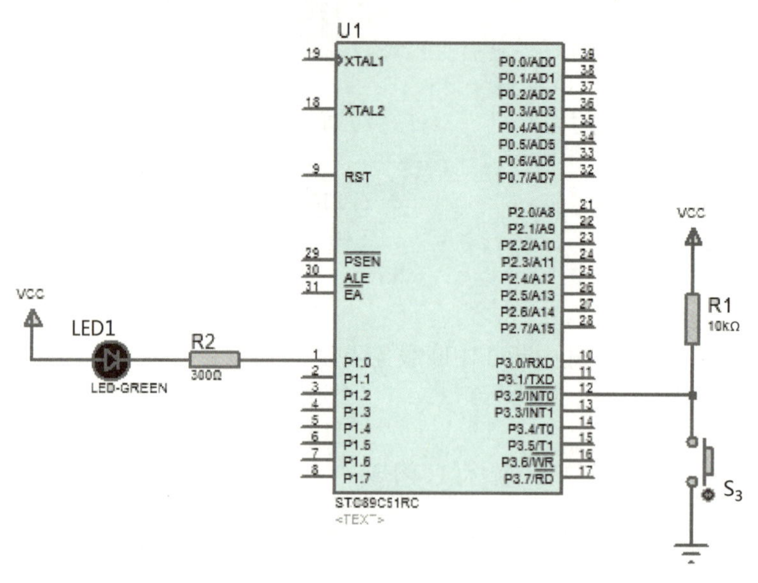

图 5-12 可控航标灯仿真电路图

表 5-4 可控航标灯电路元器件列表

序号	元器件名称	元器件标号	规格及标称值	数量
1	电解电容	C1	10μF	1 个
2	瓷片电容	C2、C3	30pF	2 个
3	电阻	R1、R3	10kΩ	2 个
4	电阻	R2	300Ω	1 个
5	发光二极管	LED1	ϕ5mm	1 个
6	微动开关	S1、S3	6mm×6mm	2 个
7	排针	P1	单排 2.54mm	4 根
8	自锁开关	S2	8mm×8mm	1 个
9	单片机	U1	STC89C51RC	1 个
10	晶振	Y1	12MHz	1 个
11	单片机插座		DIP40	1 个
12	单孔万能实验板		90mm×70mm	1 块

活动七：下载程序，并验证实际功能

一、中断

在家中看书，突然门铃响了，放下书，去开门，处理完事情后，回来继续看书；突然手机响了，又放下书，去接听电话，通完话后，回来继续看书。这是生

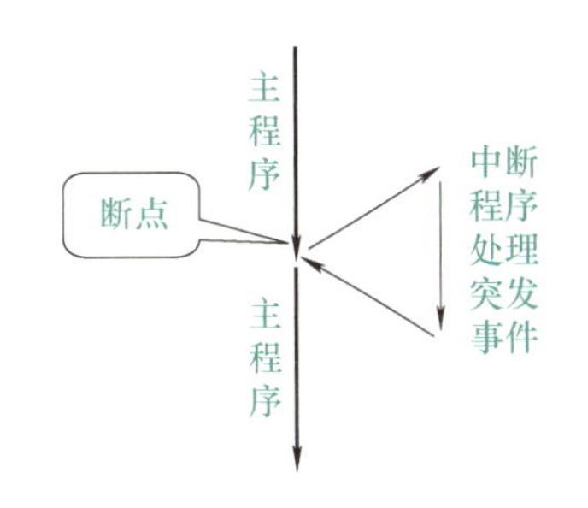

图 5-13 中断执行过程示意图

活中“中断”的现象，就是正常的工作过程被外部的事件中断了；其中，能引起中断的事情称为中断源。单片机中也有一些可以引起中断的事件。

所谓中断，是指当计算机执行正常程序时，系统中出现某些急需处理的异常情况和特殊请求。这时 CPU 暂时中止现行程序，转去对随机发生的更紧迫的事件进行处理，处理完毕后，CPU 自动返回原来的程序继续执行。中断执行过程示意图如图 5-13 所示。

二、中断源

中断源是指任何引起计算机中断的事件，中断源越多，单片机处理突发事件的能力就越强。51 单片机内部共有 5 个中断源，这 5 个中断源的中断号、中断源的名称和作用见表 5-5。

表 5-5 STC89C51 中断源

中 断 号	中 断 源	中断源的作用
0	外部中断 0（$\overline{INT0}$）	来自 P3.2 引脚的外部中断请求
1	外部中断 1（$\overline{INT1}$）	来自 P3.3 引脚的外部中断请求
2	定时器/计数器 T0	定时器/计数器 T0 溢出中断请求
3	定时器/计数器 T1	定时器/计数器 T1 溢出中断请求
4	串行口中断	串行口完成一帧发送或接收中断请求

三、中断系统结构

51 单片机内部中断系统的结构如图 5-14 所示。

51 单片机内部每一个中断源都对应有一个中断请求标志位，它们设置在特殊功能寄存器 TCON 和 SCON 中。当这些中断源请求中断时，分别由 TCON 和 SCON 中的相应位进行锁存。51 单片机中断允许受到 CPU 开启中断和中断源开启中断的两级控制，另外 51 单片机还具有两个中断优先级，每个中断优先级可以编程控制。

1. 中断标志

（1）定时器控制寄存器 TCON

TCON 是定时器/计数器 T0 和 T1 的控制寄存器，它同时也用来锁存 T0，T1 的溢

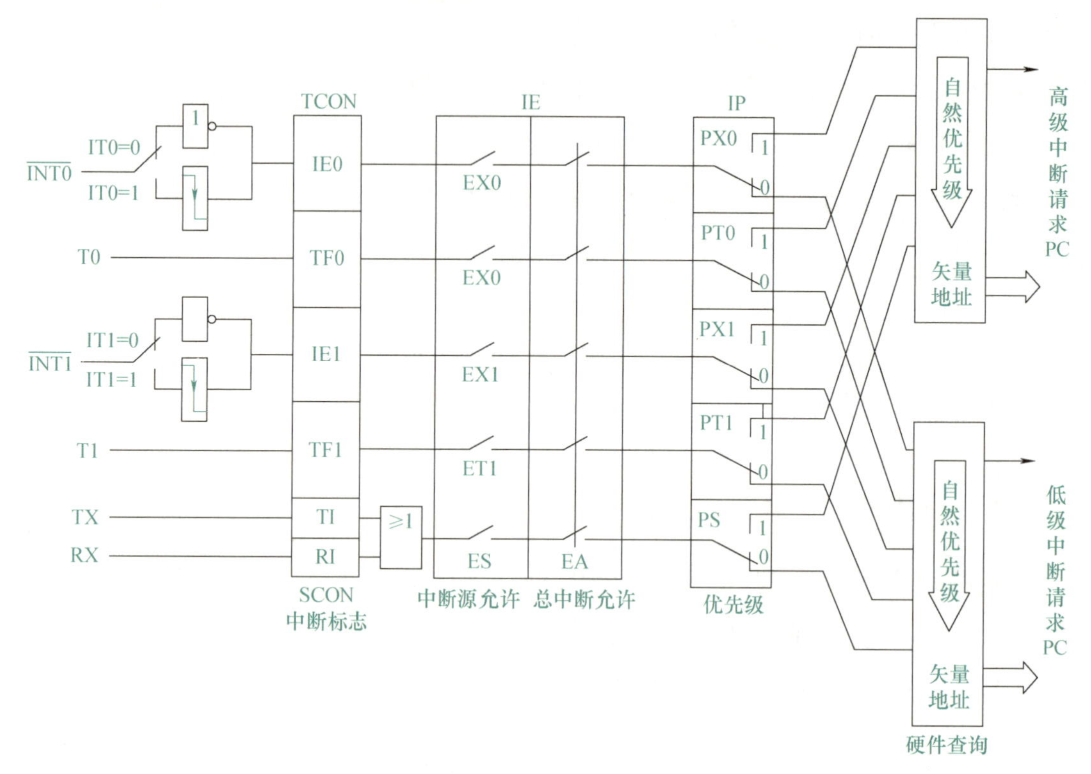

图 5-14　51 单片机内部中断系统结构示意图

出中断请求源和外部中断请求源。TCON 寄存器中与中断有关的位如图 5-15 所示。

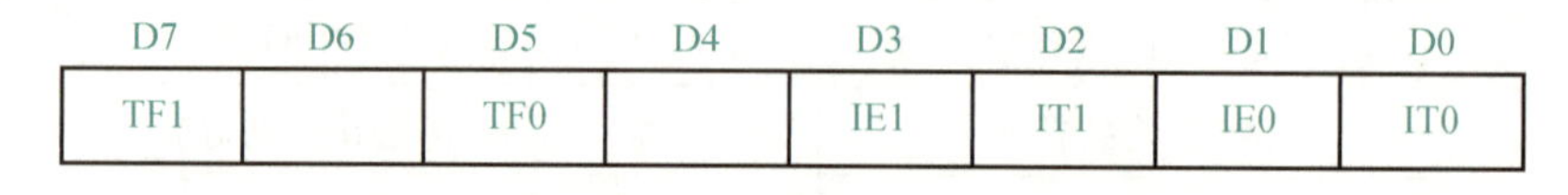

D7	D6	D5	D4	D3	D2	D1	D0
TF1		TF0		IE1	IT1	IE0	IT0

图 5-15　定时器控制寄存器 TCON

其中：

① TF1 为定时器/计数器 T1 的溢出中断标志。当 T1 从初值开始加 1 计数到计数器满值，产生溢出时，由硬件使 TF1 置“1”，直到 CPU 响应中断时由硬件复位。

② TF0 为定时器/计数器 T0 的溢出中断标志。其作用同 TF1 相似。

③ IE1 为外中断 1 中断请求标志。若 IT1 = 1，则当外中断 1 引脚 $\overline{\text{INT1}}$ 上的电平由 1 变 0 时，IE1 由硬件置 1，外中断 1 请求中断。在 CPU 响应该中断时由硬件清零。

④ IT1 为外部中断 1（$\overline{\text{INT1}}$）触发方式控制位。若 IT1 为 1，则外中断 1 为负边沿触发方式；如果 IT1 为 0，则外中断 1 为电平触发方式。此时外部中断是通过检测 $\overline{\text{INT1}}$ 端的输入电平（低电平）来触发的。采用电平触发时，输入到 $\overline{\text{INT1}}$ 的外

部中断源必须保持低电平有效，直到该中断被响应。同时在中断返回前必须使电平变高，否则将会再次产生中断。

⑤ IE0 为外中断 0 中断请求标志。如果 IT0 置 1，则当$\overline{\text{INT0}}$上的电平由 1 变 0 时，IE0 由硬件置位。在 CPU 把控制转到中断服务程序时由硬件使 IE0 复位。

⑥ IT0 为外部中断源 0 触发方式控制位。其含义同 IT1 相似。

（2）串行口控制寄存器 SCON

串行口控制寄存器 SCON 中的低 2 位用作串行口中断标志，如图 5-16 所示。

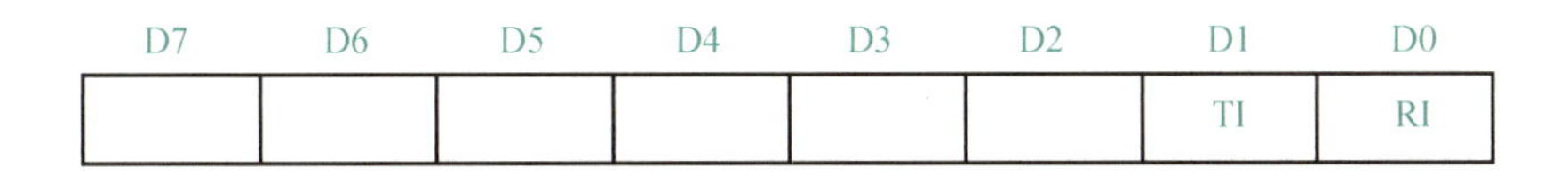

图 5-16　串行口控制寄存器 SCON

其中：

① RI 为串行口接收中断标志。在串行口方式 0 中，每当接收到第 8 位数据时，由硬件置位 RI；在其他方式中，当接收到停止位的中间位置时置位 RI。

注意

当 CPU 转入串行口中断服务程序入口时不复位 RI，必须由用户用软件来使 RI 清零。

② TI 为串行口发送中断标志。在方式 0 中，每当发送完 8 位数据时由硬件置位 TI；在其他方式中于停止位开始时置位。TI 也必须由软件来复位。

注意

需软件编程设置的位有 IT0、IT1、TI、RI。

2. 中断控制

（1）中断允许和禁止

在 51 单片机中断系统中，中断允许或禁止是由片内的中断允许寄存器 IE 控制的，如图 5-17 所示。IE 中的各位功能如下：

其中：

① EA 为 CPU 中断允许标志。EA =0，CPU 禁止所有中断，即 CPU 屏蔽所有

D7	D6	D5	D4	D3	D2	D1	D0
EA			ES	ET1	EX1	ET0	EX0

图 5-17　中断允许寄存器 IE

的中断请求；EA =1，CPU 开放中断。但每个中断源的中断请求是允许还是被禁止，还需由各自的允许位确定（见 D4 ~ D0 位说明）。

② ES 为串行口中断允许位。ES =1，允许串行口中断；ES =0，禁止串行口中断。

③ ET1 为定时器/计数器 1（T1）的溢出中断允许位。ET1 =1，允许 T1 中断；ET1 =0，禁止 T1 中断。

④ EX1 为外部中断 1 中断允许位。EX1 =1，允许外部中断 1 中断；EX1 =0，禁止外部中断 1 中断。

⑤ ET0 为定时器/计数器 T0 的溢出中断允许位。ET0 =1，允许 T0 中断；ET0 =0，禁止 T0 中断。

⑥ EX0 为外部中断 0 中断允许位。EX0 =1，允许外部中断 0 中断；EX0 =0，禁止外部中断 0 中断。

中断允许寄存器中各相应位的状态，可根据要求用指令置位或清零，从而实现该中断源允许中断或禁止中断，复位时 IE 寄存器被清零。

（2）中断优先级控制

51 单片机中断系统提供两个中断优先级，对于每一个中断请求源都可以编程为高优先级中断源或低优先级中断源，以便实现二级中断嵌套。中断优先级是由片内的中断优先级寄存器 IP 控制的。寄存器 IP 如图 5-18 所示。

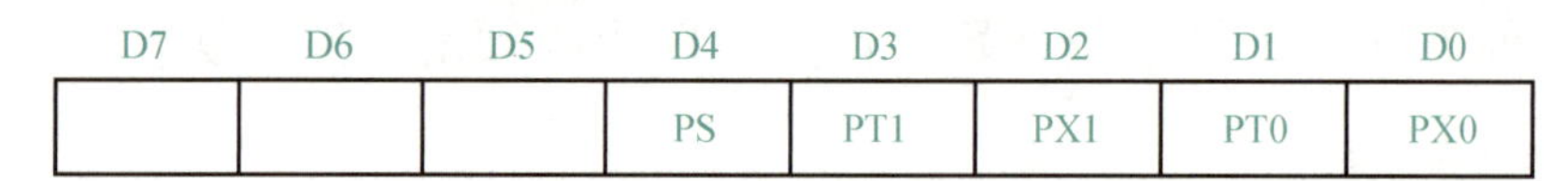

D7	D6	D5	D4	D3	D2	D1	D0
			PS	PT1	PX1	PT0	PX0

图 5-18　中断优先级寄存器 IP

寄存器 IP 中各位的功能如下：

1）PS 为串行口中断优先级控制位。PS =1，串行口定义为高优先级中断源；PS =0，串行口定义为低优先级中断源。

2）PT1 为 T1 中断优先级控制位。PT1 =1，定时器/计数器 T1 定义为高优先级中断源；PT1 =0，定时器/计数器 T1 定义为低优先级中断源。

3）PX1 为外部中断 1 中断优先级控制位。PX1 =1，外中断 1 定义为高优先级中断源；PX1 =0，外中断 1 定义为低优先级中断源。

4）PT0 为定时器/计数器 T0 中断优先级控制位，功能同 PT1。

5）PX0 为外部中断 0 中断优先级控制位。功能同 PX1。

中断优先级控制寄存器 IP 中的各个控制位都可由编程来置位或复位，单片机复位后 IP 中各位均为 0，各个中断源均为低优先级中断源。

四、中断服务函数编写方法

C51 编译器支持 51 单片机的中断服务程序，用 C51 语言编写中断服务函数的格式如下：

函数类型　函数名（形式参数列表）［interrupt n］［using n］

其中，interrupt 后面的 n 为中断号，取值范围为 0～4，其编号意义见表 5-5；using 中的 m 表示使用的工作寄存器组号（如不声明，则默认使用第 0 组）。

例如，定时器 T0 的中断服务函数可用如下方法编写：

```
void timer0 (void)  interrupt 1 using 0
{
    //中断服务函数
}
```

任务拓展

利用定时器和中断功能控制一个航标灯，要求：黑夜时，LED 按照指定频率闪烁（例如：亮 2s、灭 1s，反复循环），白天停止闪烁。

根据要求，绘制电路原理图、仿真电路图和程序流程图，用 KeilC51 编写 C51 源程序，并用 Proteus 进行仿真调试。

小贴士

用光敏电阻检测白天还是黑夜，等待中断，夜晚到来时，启动中断服务程序，控制彩灯闪烁。

项目小结

本项目从航标灯闪烁入手，进一步完成了可控航标灯的设计，从而介绍了 51 单片机定时器和中断系统的应用及编程方法。重点内容如下：

1）51 单片机内部有 T0 和 T1 两个计数器，分别由两个 8 位寄存器构成。51 单片机的计数器对外部脉冲加 1 计数，当计数到最大值后，会产生计数溢出中断，通知单片机完成相应的工作。

2）51 单片机内部计数器经常被用作定时器来使用。定时器是对时钟脉冲加 1 计数，当计数到最大值后，会产生计数溢出中断，通知单片机完成相应的工作。

3）定时器/计数器必须在方式控制寄存器（TMOD）和控制寄存器（TCON）的控制下才能正常工作，因此必须掌握 TMOD 和 TCON 的设置方法。

4）定时器/计数器的工作方式有四种，最常用的是工作方式 0、工作方式 1 和工作方式 2。

5）所谓中断，是指当计算机执行正常程序时，系统中出现某些急需处理的异常情况和特殊请求，这时 CPU 暂时中止现行程序，转去对随机发生的更紧迫的事件进行处理，处理完毕后，CPU 自动返回原来的程序继续执行。

6）中断源是指任何引起计算机中断的事件，中断源越多，单片机处理突发事件的能力就越强。51 单片机内部共有 5 个中断源：外部中断 0、外部中断 1、定时器/计数器 T0、定时器/计数器 T1、串行口中断。

7）51 单片机内部每一个中断源都对应有一个中断请求标志位，它们设置在特殊功能寄存器 TCON 和 SCON 中。当这些中断源请求中断时，分别由 TCON 和 SCON 中的相应位来锁存。51 单片机中断允许受到 CPU 开启中断和中断源开启中断的两级控制，另外 51 单片机还具有两个中断优先级，每个中断优先级可以编程控制。

8）用 C51 语言编写中断服务函数的格式如下：

```
函数类型  函数名(形式参数列表)[interrupt n][using n]
```

完成项目评价反馈表，见表 5-6。

表 5-6　项目评价反馈表

评价内容	分值	自我评价	小组评价	教师评价	综合	备注
秒闪航标灯	50 分					
光控航标灯	50 分					
合计	100 分					
取得成功之处						
有待改进之处						
经验教训						

项目习题

一、填空题

1. 51 单片机定时器内部结构由________、________、________、________四部分组成。

2. 51 单片机的定时器/计数器，若只用软件启动，与外部中断无关，应使________中的 GATE＝0。

3. 51 单片机的 T1 用作定时方式时，用工作方式 1，则工作方式控制字为________。

4. 定时器作用是对________计数直到溢出。

5. TR0 和 TR1 的作用是________________________。

6. 如果要开放外部中断 0，需要将________和________置 1。

7. 如果 TCON 中的 IT1 和 IT0 位为 1，则外部中断请求信号方式为________。

8. 中断源按照优先级由高到低顺序为________、________、________、________、________。

9. 外部中断 1 的中断类型号为________。

二、选择题

1. 定时器 T0 用作计数方式时（　　）。

A. 外部计数脉冲由 T1（P3.5）输入

B. 外部计数脉冲由内部时钟频率提供

C. 外部计数脉冲由 T0（P3.4）输入

D. 由外部计数脉冲计数

2. 定时器 T0 用作定时方式时，采用工作方式 2，则工作方式控制字为(　　)。

A. 0x02　　B. 0x06　　C. 0x20　　D. 0x60

3. 定时器 T1 用作计数方式时，采用工作方式 1，则初始化控制字为(　　)。

A. TMOD＝0x01　　B. TMOD＝0x05

C. TMOD＝0x10　　D. TCON＝0x05

4. 启动 T0 是使 TCON 的（　　）。

A. TF0 位置 1　　B. TR0 位置 1

C. TR0 位置 0　　　　　　　　　D. TR1 位置 0

5. 51 单片机在同一级别里优先级最高的中断源是（　　）。

A. 外部中断 1　　B. 定时器 T0　　C. 定时器 TI　　D. 串行口

6. 当外部中断 0 发出中断请求后，中断标志位的状态是（　　）。

A. ET0 = 1　　B. EX0 = 1　　C. IE0 = 1　　D. IT0 = 1

7. 51 单片机共有（　　）个中断优先级。

A. 5　　B. 2　　C. 3　　D. 4

8. 若设定时计数器最大计数值为 M，则工作方式 0 下的 M 值为（　　）。

A. 8192　　B. 256　　C. 16　　D. 65536

三、简答题

1. 定时器/计数器的定时功能和计数功能有什么不同？分别应用在什么场合？

2. 当定时器/计数器在工作方式 2 下，晶振频率为 6MHz，请计算最短定时时间和最长定时时间各是多少？

3. 定时器/计数器有哪四种工作方式，各有何特点？

4. 51 单片机有哪几个中断源？它们的优先级是怎样的？

5. 外部中断有哪两种触发方式？如何设置？

6. 请写出中断函数的定义格式。

项目六 LED数显计时器

项目描述

生活中我们经常见到冰箱、空调等家用电器采用 LED 数码管显示温度，LED 数码管是一种价格低廉、使用简单的显示器件，也是单片机控制系统中的常用器件，单片机控制输出对应的 LED 数码管各段电压，可以使其按照控制要求发光，从而显示出对应的信息。

项目六任务一

任务一　显示一个字符

任务描述

利用单片机控制共阳极数码管显示字符“0”。

学习目标

1. 知识目标

1）熟悉 LED 数码管的基本结构；

2）掌握 LED 数码管的静态显示电路结构。

2. 技能目标

掌握数码管静态显示编程方法，能熟练编写 LED 数码管静态显示程序。

任务分析

在 4 个学时内完成如下工作：

1）识读电路图，掌握每个元件的作用；

2）编写程序；

3）绘制仿真电路图，并仿真调试。

设备、仪器仪表及材料准备

计算机（含相关软件）1 台，USB 转 TTL 单片机下载器 1 个，30W 电烙铁 1 把，数字（或模拟）万用表 1 块，尖嘴钳、斜口钳、裁纸刀各 1 把，细导线、焊锡和松香若干。任务所需电子元器件参考表 6-2。

任务实施

活动一：识读电路图

用一位共阳极数码管显示数字，R2 ~ R9 为限流电阻。其静态显示电路原理图如图 6-1 所示。

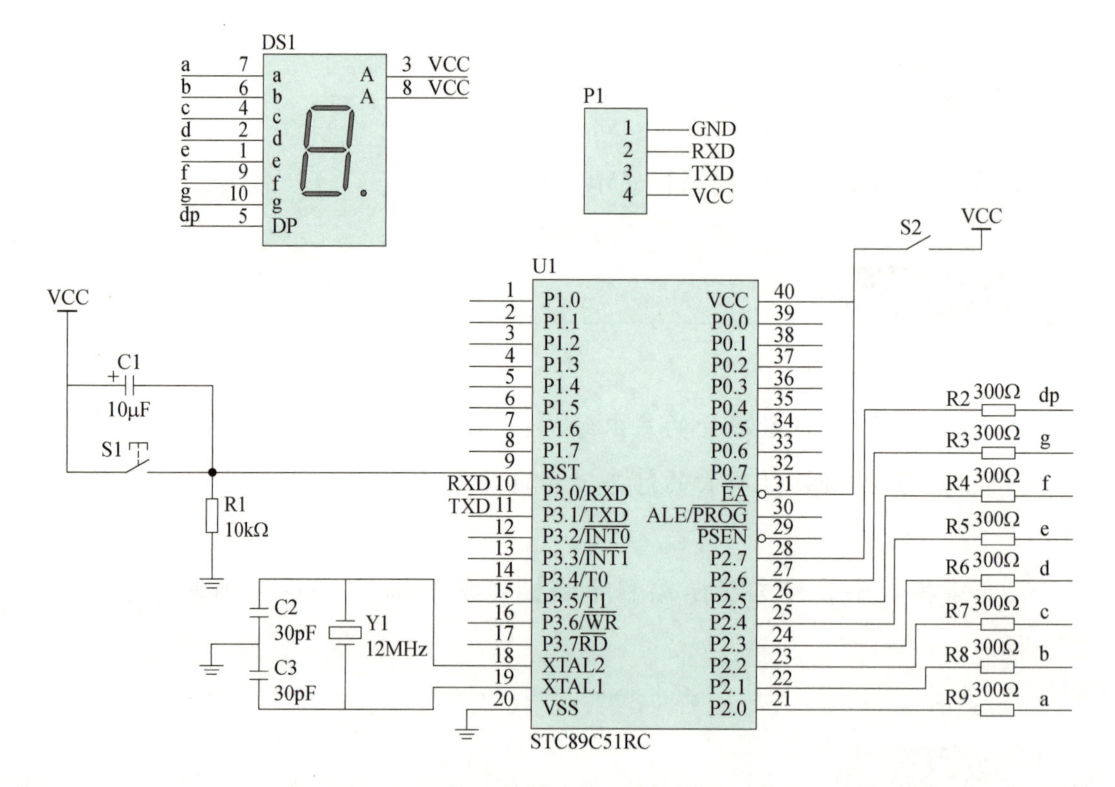

图 6-1　数码管静态显示电路原理图

活动二：绘制程序流程图（分组讨论绘制）

分组讨论并绘制程序流程图，思路如下：

1）将共阳极数码管的 0 ~9 段码表存入一个 ROM 数组中；

2）在数码管上显示“0”。

活动三：编程

```
//静态显示数字“0”
#include "reg51.h"
#define uchar unsigned char
uchar code SEG[10] = {0xc0,0xf9,0xa4,0xb0,0x99,0x92,0x82,0xf8,0x80,
0x90}; /* 编码表 */
void main(void)//关键字 code 表示该数组 SEG 中的数据存放在 ROM 中,为只读数组
{
    while(1)
    {
        P1 = SEG[0];                //从数组 SEG[10]中取“0”的共阳编码
                                    //通过 P1 口输出给共阳数码管显示
    }
}
```

活动四：绘制 Proteus 仿真电路图

仿真电路如图 6-2 所示（仿真电路图省略单片机最小系统电路），其中 RN1

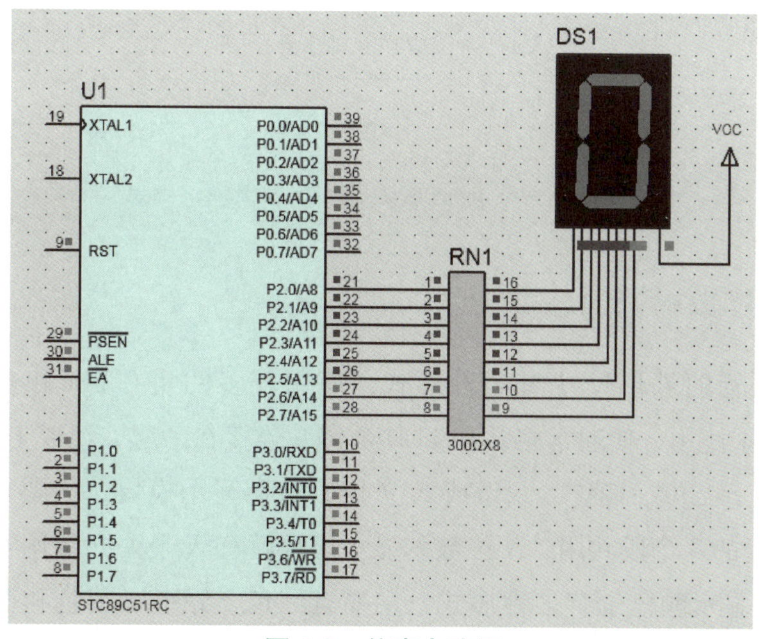

图 6-2 仿真电路图

为 8 个 300Ω 的限流电阻，DS1 为一位共阳数码管。

活动五：软件仿真，调试程序

由读者自行完成软件仿真，并进行调试程序的任务。

知识链接

一、数码管的内部结构

图 6-3 所示的数码管为 1 位 LED 数码管，其内部含有 8 个 LED，对应着数码管字形的 8 个段（a，b，c，d，e，f，g，dp）。如果这 8 个 LED 所有的阴极连接在一起，就是共阴极结构的 LED 数码管，如果所有的阳极连接在一起，就是共阳极结构的 LED 数码管，1 位 LED 数码管的引脚 3 和引脚 8 为公共端，其引脚名称为“com”。

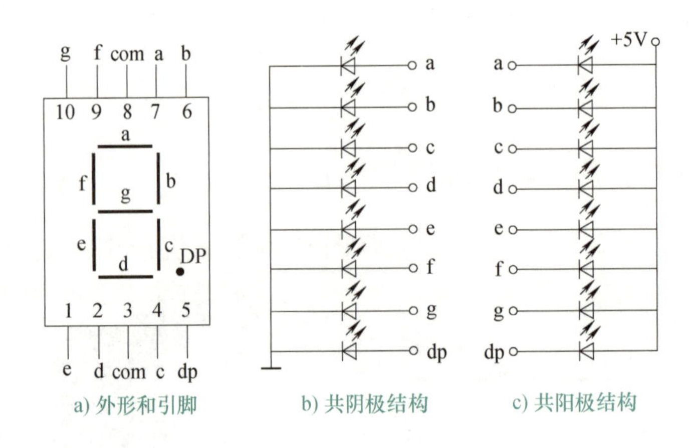

图 6-3 单个 LED 数码管外形和内部结构图

二、LED 数码管的分类

LED 数码管的外形尺寸有多种形式，使用较多的是 0.5in 和 0.8in（1in = 2.54cm），为了使用方便通常将几个 LED 数码管连接在一起，组成 1 个显示模块，常见的有一位、二位、四位、六位或八位 LED 数码显示模块，如图 6-4 所示，多位 LED 数码管的 8 个段共用，N 位数码显示模块就有 N 个公共端用于控制某位数码管的亮灭；显示颜色也有多种形式，主要有红色、绿色、黄色和蓝色；按亮度强弱可分为超亮、高亮和普亮。

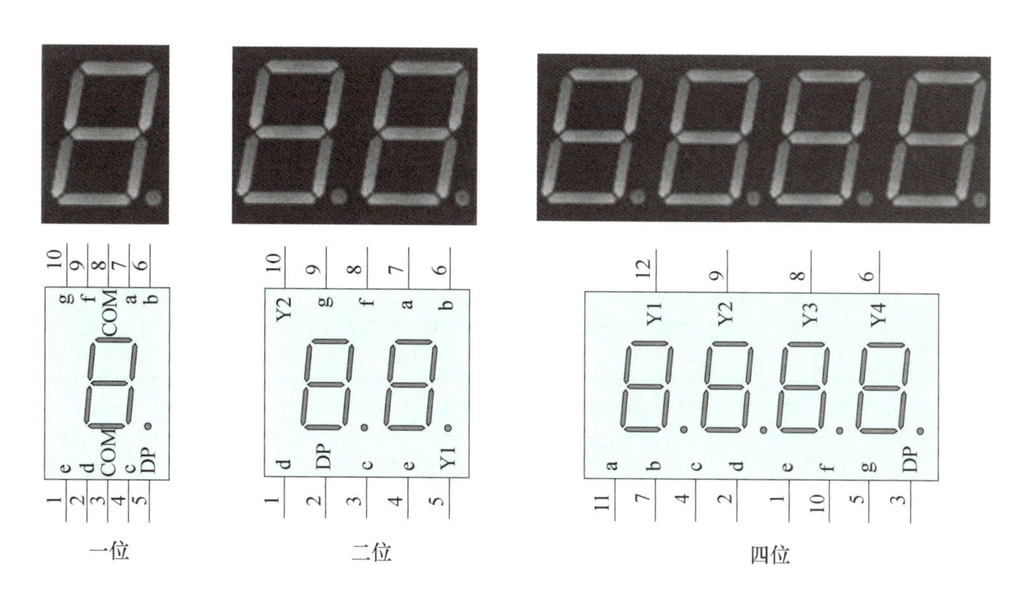

图 6-4　一位、二位和四位数码管实物图及其引脚排列

三、LED 数码管的工作参数

其正向电压降一般为 1.5 ~2V，额定电流为 10mA，最大电流为 40mA，实际使用时，通常需要串联一个限流电阻（300Ω），使其电流不超过 10mA，防止其烧坏。

四、数码管的静态显示方法

将 LED 数码管的 8 个段从 dp ~ a 顺次编码，就可以得到“0 ~9” 10 个数字的共阳和共阴编码表，见表 6-1。

表 6-1　共阳和共阴八段 LED 数码管编码表

字　符	共阳编码									共阴编码								
	dp	g	f	e	d	c	b	a	编码	dp	g	f	e	d	c	b	a	编码
0	1	1	0	0	0	0	0	0	0xc0	0	0	1	1	1	1	1	1	0x3f
1	1	1	1	1	1	0	0	1	0xf9	0	0	0	0	0	1	1	0	0x06
2	1	0	1	0	0	1	0	0	0xa4	0	1	0	1	1	0	1	1	0x5b
3	1	0	1	1	0	0	0	0	0xb0	0	1	0	0	1	1	1	1	0x4f
4	1	0	0	1	1	0	0	1	0x99	0	1	1	0	0	1	1	0	0x66

（续）

字　符	共阳编码									共阴编码								
	dp	g	f	e	d	c	b	a	编码	dp	g	f	e	d	c	b	a	编码
5	1	0	0	1	0	0	1	0	0x92	0	1	1	0	1	1	0	1	0x6d
6	1	0	0	0	0	0	1	0	0x82	0	1	1	1	1	1	0	1	0x7d
7	1	1	1	1	1	0	0	0	0xf8	0	0	0	0	0	1	1	1	0x07
8	1	0	0	0	0	0	0	0	0x80	0	1	1	1	1	1	1	1	0x7f
9	1	1	0	0	0	0	0	0	0xc0	0	0	1	1	1	1	1	1	0x3f
熄灭	1	1	1	1	1	1	1	1	0xff	0	0	0	0	0	0	0	0	0x00

实际使用时，通常将数码管的七段编码表存放在一个 ROM 数组中，每位字段码分别从 I/O 控制端口输出，保持不变直至 CPU 刷新，就可以显示出相应的字形。静态显示的特点使编程比较简单，但占用 I/O 接口线较多，硬件电路复杂，成本高，一般适用于显示位数较少的场合。

任务拓展

功能要求：

1）显示字符“F”。

2）显示带小数点的数字“7.”，小数点每秒闪烁 1 次。

3）每隔 1s 显示 a ~ g 段。

根据要求，绘制程序流程图，用 KeilC51 编写 C51 源程序，并用 Proteus 进行仿真调试。

项目六任务二

任务二　制作一位倒计数器

任务描述

制作一位倒计数器，要求能用数码管依次显示 9 ~ 0 共 10 个数字，显示到“0”以后，再重新显示“9”，并开始新一轮倒计数。

学习目标

1. 知识目标

了解数码管静态显示电路。

2. 技能目标

1）熟练编写 LED 数码管静态显示程序；

2）能够掌握用数码管制作一位倒计数器的方法。

任务分析

一位倒计数器电路原理图与上一任务的数码管静态显示原理图（见图 6-1）完全相同，要求在上一任务的基础上，在 4 个学时内完成如下工作：

1）绘制一位倒计数器的程序流程图；

2）编写程序，并进行仿真调试；

3）按照工艺要求，焊接并装配电路；

4）下载程序，并进行测试功能。

设备、仪器仪表及材料准备

计算机（含相关软件）1 台，USB 转 TTL 单片机下载器 1 个，30W 电烙铁 1 把，数字（或模拟）万用表 1 块，尖嘴钳、斜口钳、裁纸刀各 1 把，细导线、焊锡和松香若干。任务所需电子元器件见表 6-2。

任务实施

活动一：电路原理图参照任务一，绘制程序流程图

编程思路：

1）将共阳数码管的段码表存入一个 ROM 数组中。

2）首先在数码管上显示“9”。

3）开定时器 T0 中断，启动定时器 T0，每 50ms 中断一次，中断 20 次即 1s，此时将计数值减 1，然后在数码管上显示对应的数值。

4）当计数值为0时，重新将计数值置为“9”，重复倒计数。

按照编程思路绘制程序流程图。

活动二：编程

```
//参考程序:9~0 倒计数器
#include "reg51.h"
#define uchar unsigned char
#define uint unsigned int
delay(uint ms);
uchar counter=0;           //记录中断次数的全局变量
uchar i=9;                 //存放到计数数值全局变量
uchar code SEG[10] = {0xc0,0xf9,0xa4,0xb0,0x99,0x92,0x82,0xf8,0x80,
0x90};
//数码管八段码表,对应的数字依次为 0~9

/*---------------定时器 T0 中断服务子程序-------------------*/
timer0(void)interrupt 1 using 0
    {
    TH0 = -50000/256;      //重装 50ms 定时时间常数
    TL0 = -50000% 256;
    counter++;
    if (counter==20)       //每计到 20 次中断,约为 1s 的时间(50ms×20=1s)
    {
        counter=0;
        if (i==0)
            i=9;            //当计数数值为 0 时,重新将计数数值置为“9”,重复倒
                              计数
        else
            i--;
        P2=SEG[i];          //取对应数字的段码,然后送 P2 口输出显示
    }
}
void main(void)
{
    P2=SEG[9];              //首先在数码管上显示“9”
    TMOD=0x01;              //定时器 T0,方式 1
    TH0 = -50000/256;       //50ms 定时时间常数
    TL0 = -50000%256;
    EA=1;                   //打开总中断
    ET0=1;                  //允许定时器 T0 中断
    TR0=1;                  //定时器开始定时
while (1)
{;}
}
```

活动三：软件仿真，调试程序（仿真电路参见任务一）

由读者自行完成软件仿真，调试程序的任务，仿真图如图 6-2 所示。此仿真图省略单片机最小系统电路。

活动四：焊接电路

表 6-2 为一位倒计数器电路元器件列表。

表 6-2 9 ~ 0 倒计数器电路元器件列表

序 号	元器件名称	元器件标号	规格及标称值	数 量
1	电解电容	C1	10μF	1 个
2	瓷片电容	C2、C3	30pF	2 个
3	电阻	R1	10kΩ	2 个
4	电阻	R2 ~ R9	300Ω	8 个
5	数码管	DS1	一位共阳极，0.5 英寸	1 个
6	微动开关	S1	6mm × 6mm	1 个
7	排针	P1	单排 2.54mm	4 根
8	自锁开关	S2	8mm × 8mm	1 个
9	单片机	U1	STC89C51RC	1 个
10	晶振	Y1	12MHz	1 个
11	单片机插座		DIP40	1 个
12	单孔万能实验板		90mm × 70mm	1 块

活动五：下载程序，验证功能

由读者自行将程序下载到单片机中并验证其实际功能。

功能要求：

1）用软件延时的方法制作一个一位倒计数器，每秒钟变化一次。

2）设计 1 个一位正计数器，要求采用单片机的定时器 T1 定时，每秒钟变化一次。

根据要求，绘制程序流程图，用 Keil C51 编写 C51 源程序，并用 Proteus 进行仿真调试。

项目小结

本项目从数码管显示一个字符入手进一步设计完成了倒计数器，介绍了常用数码管的相关知识，主要内容如下：

1）一位 LED 数码管，其内部含有 8 个 LED，对应着数码管字形的 8 个段（a，b，c，d，e，f，g，dp）。如果这 8 个 LED 所有的阴极连接在一起，就是共阴极结构的 LED 数码管，如果所有的阳极连接在一起，就是共阳极结构的 LED 数码管，一位 LED 数码管的引脚 3 和引脚 8 为公共端，其引脚名称为“com”。

2）静态显示的特点是编程比较简单，但占用 I/O 接口线较多，硬件电路复杂，成本高，一般适用于显示位数较少的场合。

3）数码管静态显示编程方法通常将共阳极数码管的段码表存入一个 ROM 数组中，然后通过数组调用在数码管上显示相应数码。

评价分析

完成项目评价反馈表，见表 6-3。

表 6-3　项目评价反馈表

评价内容	分值	自我评价	小组评价	教师评价	综合	备注
检测数码管	30 分					
显示一个字符	40 分					
一位倒计数器	30 分					
合计	100 分					
取得成功之处						
有待改进之处						
经验教训						

项目习题

一、填空题

1. 一位 LED 数码管，其内部含有 8 个 LED，对应着数码管字形的 8 个段________。如果这 8 个 LED 所有的阴极连接在一起，就是________结构的 LED 数码管。一位 LED 数码管的引脚________和引脚________为公共端，其引脚名称为“com”。

2. 数码管_________显示方式编程较简单，但占用 I/O 接口线多，其一般适用显示位数较少的场合。

3. 共阳极 LED 数码管加反相器驱动时显示字符“5”的段码是_________。

4. 在共阳极数码管使用中，若要求仅显示小数点，则其相应的字形码是_________。

二、选择题

1. 一个单片机应用系统用 LED 数码管显示字符“6”的段码是 0x82，可以断定该显示系统用的是（　　）。

A. 不加反相驱动的共阴极数码管

B. 加反相驱动的共阴极数码管或不加反相驱动的共阳极数码管

C. 加反相驱动的共阳极数码管

D. 以上都不对

2. 以下关于数码管说法正确的是（　　）。

A. 多位 LED 数码管的 8 个段共用，*N* 位数码显示模块就有 *N* 个公共端用于控制某位数码管的亮灭

B. LED 数码管的引脚 3 和引脚 8 为公共端，其引脚名称为“com”

C. 其正向电压降一般为 1.5 ~2V，额定电流为 20mA，最大电流为 40mA

D. 以上都不对

3. 共阴极数码管显示 4 的字形码是（　　）。

A. 0x66　　B. 0x99　　C. 0x88　　D. 0xaa

三、简答题

1. 数码管静态显示的特点是什么？如何连接静态显示电路？

2. 本项目中使用的数码管是共阴极数码管还是共阳极数码管？能不能直接互换？为什么？

项目七 时间可调的 LED 数字显示电子表

项目描述

数字显示电子表是生活中常用的一种计时器，通过它可以精确显示当前时间，已广泛用于家庭、车站、办公室等公共场所，成为人们日常生活中不可少的电子产品。上一项目中，已经学会了使用 LED 数码管制作倒计数器的相关知识，本项目将利用 LED 数码管制作时、分、秒可调的 LED 数字显示电子表。

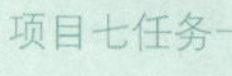

任务一 制作显示时、分、秒的 LED 电子表

任务描述

利用单片机和四位一体数码管制作可以正常显示时、分、秒的 LED 数字显示电子表。

学习目标

1. 知识目标

掌握数码管的动态显示方法。

2. 技能目标

1）能够熟练编写定时器中断函数；

2）熟练编写数码管动态显示程序。

任务分析

在 4 个学时内完成如下工作：

1）识读电路图；

2）绘制程序流程图，编写程序；

3）绘制仿真电路图，仿真调试；

4）焊接并装配电路，下载程序，并验证功能。

设备、仪器仪表及材料准备

计算机（含相关软件）1 台，USB 转 TTL 单片机下载器 1 个，30W 电烙铁 1 把，数字（或模拟）万用表 1 块，尖嘴钳、斜口钳、裁纸刀各 1 把，细导线、焊锡和松香若干。任务所需电子元器件见表 7-1。

任务实施

活动一：识读显示时、分、秒的电子表电路原理图

图 7-1 为显示时、分、秒的电子表电路原理图，其中 DS1 和 DS2 为两个四位一体的数码管，用于显示时、分、秒 6 位数字，其中 DS1 显示四位，DS2 只使用后两位。74LS245 为总线驱动器，用于提高单片机的带载能力，7406 为六反相器，用于驱动数码管显示。

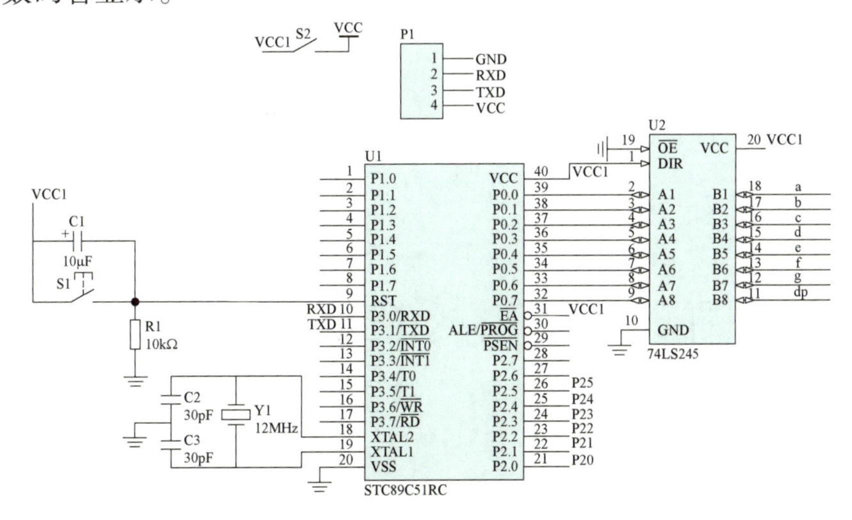

图 7-1　显示时、分、秒的电子表电路原理图

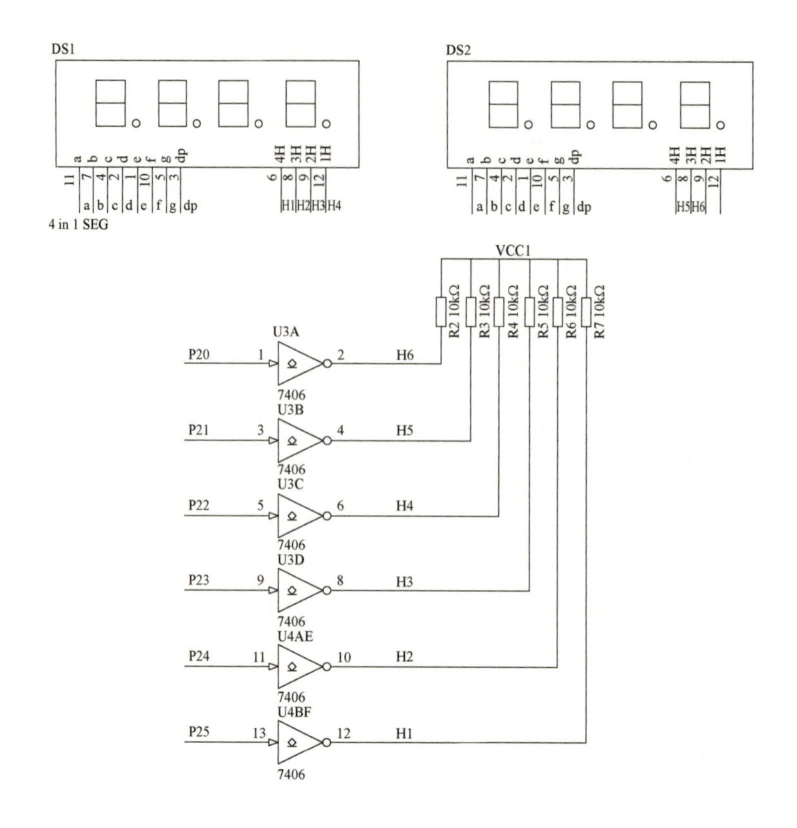

图 7-1　显示时、分、秒的电子表电路原理图（续）

活动二：绘制程序流程图

1）绘制主函数流程图，如图 7-2 所示。

2）绘制显示函数流程图，如图 7-3 所示。

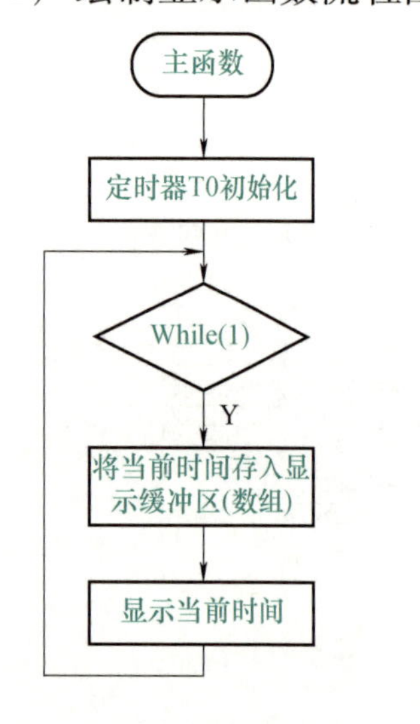

图 7-2 主函数流程图

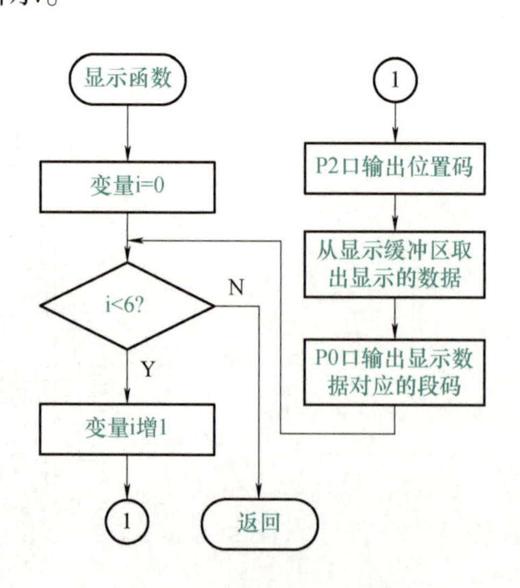

图 7-3　显示函数流程图

3）绘制定时器 T0 中断服务函数流程图，如图 7-4 所示。

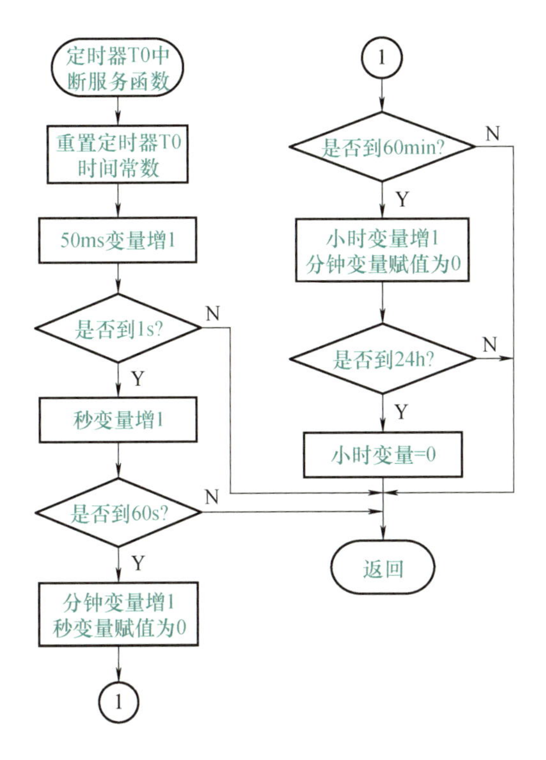

图 7-4　定时器 T0 中断服务函数流程图

活动三：编程

```
//参考程序:显示时、分、秒的电子表程序
#include <reg51.h>
#include <intrins.h>
#define uchar unsigned char
#define uint unsigned int
uint  t_50ms =0;
uchar hour =0;
uchar min =0;
uchar sec =0;
uchar buf[6] = {0,0,0,0,0,0};  //sec1 sec0 min1 min0 hour1 hour0
uchar code SEG[10] = {0x3f,0x06,0x5b,0x4f,0x66,0x6d,0x7d,0x07,0x7f,
0x6f};/dp gfedcba
uchar code POS[6] = {0x01,0x02,0x04,0x08,0x10,0x20};
/* ------------------------------------函数声明------------------------------------- */
void disp(void);
void disp_min(void);
void disp_sec(void);
```

```
void disp_hour(void);
/*--------------------------------------------延时函数--------------------------------*/
void delay(uint k)
{
  uint i,j;
  for(i=0;i<k;i++)
  {
    for(j=0;j<125;j++)
    {;}
  }
}
/*------------------------------定时器 T0 初始化函数----------------------------*/
void init_timer0(void)
{
  TMOD=0x01;
  TH0= -50000/256;
  TL0= -50000%256;         //50ms/1μs=50000
  TR0=1;
  ET0=1;
}
/*------------------------------定时器 T0 中断服务函数---------------------------*/
void Int_timer0() interrupt 1 using 0
{
    TH0= -50000/256;
    TL0= -50000%256;       //50ms/1μs=50000
    t_100ms++;
    if(t_50ms>=20)
    {
        t_50ms=0;
        sec++;
        if(sec>=60)
        {
            sec=0;
            min++;
            if(min>=60)
            {
              min=0;
              hour++;
              if(hour>=24)
              {
                hour=0;
              }
            }
        }
```

```
        }
    }
    /*--------------------------------显示函数----------------------------------------*/
    void disp(void)
    {   uchar i,j;
        for(i=0;i<=5;i++)
        {
            P2=WEI[i];
            j=buf[i];
            P0=SEG[j];
            delay(10);
        }
    }
    /*----------------------------------主函数---------------------------------------*/
    void main(void)
    {
      init_timer0();
      EA=1;
      while(1)
      {
            buf[0]=sec%10;            //秒的个位
            buf[1]=sec/10;            //秒的十位
            buf[2]=min%10;            //分的个位
            buf[3]=min/10;            //分的十位
            buf[4]=hour%10;           //小时的个位
            buf[5]=hour/10;           //小时的十位
            disp();                   //显示函数
      }
    }
```

活动四：绘制仿真电路图（见图 7-5）

仿真电路图省略单片机最小系统电路。

活动五：软件仿真，调试程序

由读者自行完成软件仿真，并调试程序的任务。

活动六：焊接并装配电路

任务所需元器件见表 7-1。

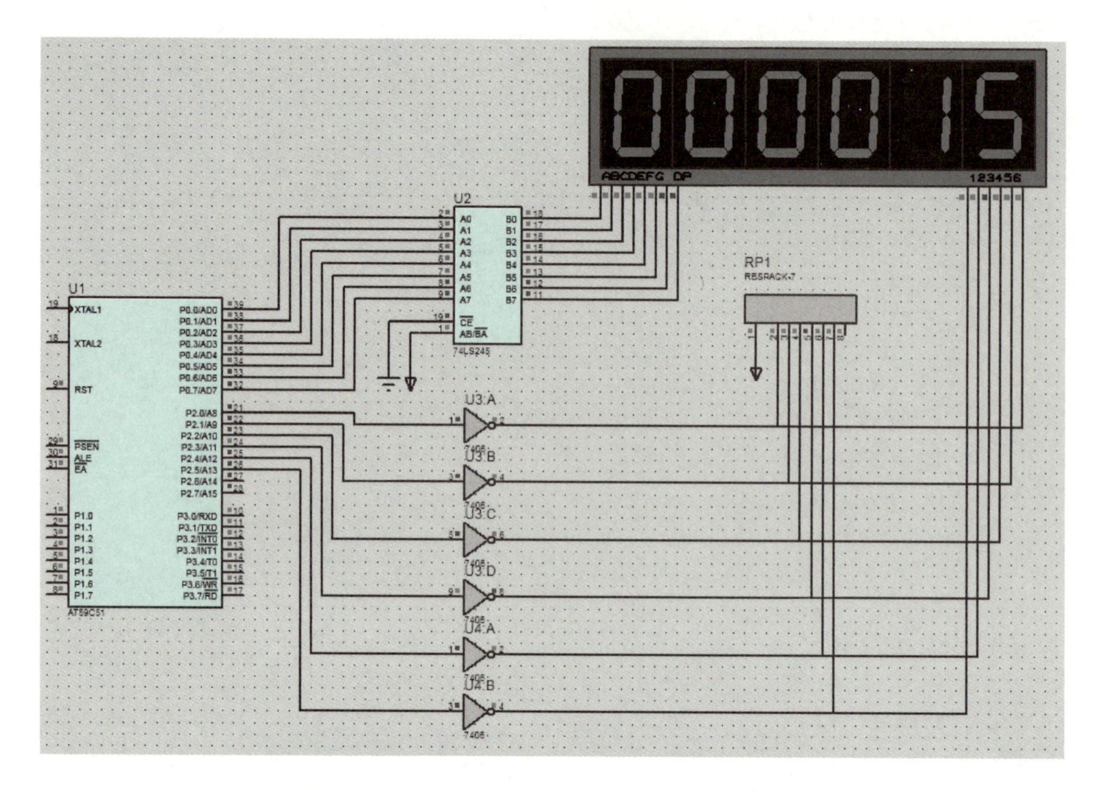

图 7-5 时间可调的电子表 Proteus 仿真电路图

表 7-1 显示时、分、秒电子表电路元器件清单

序　　号	元器件名称	元器件标号	规格及标称值	数　　量
1	电解电容	C1	10μF	1 个
2	瓷片电容	C2、C3	30pF	2 个
3	电阻	R1 ~ R7	10kΩ	7 个
4	反相器	U2	74LS245	1 个
5	数码管	DS1、DS2	四位共阴极，0.5 英寸	2 个
6	微动开关	S1	6mm × 6mm	1 个
7	排针	P1	单排 2.54mm	4 根
8	自锁开关	S2	8mm × 8mm	1 个
9	单片机	U1	STC89C51RC	1 个
10	晶振	Y1	12MHz	1 个
11	反向器插座		DIP20	1 个
12	单片机插座		DIP40	1 个
13	单孔万能实验板		90mm × 70mm	1 块

活动七：下载程序，验证功能

由读者自行将程序下载到单片机中并验证其实际功能。

知识链接

LED 数码管动态显示

当单片机采用数码管显示信息，并且位数较多时，一般采用数码管动态显示方式。数码管动态显示是单片机中应用最为广泛的一种显示方式之一，设计思路是按位轮流点亮各数码管，高速交替显示，利用人的视觉暂留现象及发光二极管的余晖效应，使人感觉多个数码管同时显示。

数码管动态显示电路是将所有数码管的 8 个笔段"a，b，c，d，e，f，g，dp"的同名端连接在一起，仅用一个并行口控制，称为“段选端”。另外为每个数码管的公共极 com 增加位选通控制电路，由各自独立的 I/O 线控制，称为“位选端”。当单片机输出字形码时，所有数码管都接收到相同的字形码，但究竟是哪个数码管会显示出字形，取决于单片机对位选端电路的控制，所以只要将需要显示的数码管的位选端选通，该位数码管就显示出字形，没有选通的数码管就不会亮。

通过分时轮流控制各个 LED 数码管的位选端，就使各个数码管轮流显示，这就是动态驱动。在轮流显示过程中，每位数码管的点亮时间为 1 ~ 2ms，由于人的视觉暂留现象及发光二极管的余晖效应，尽管实际上各位数码管并非同时点亮，但只要扫描的速度足够快，给人的印象就是一组稳定的显示数码管，不会有闪烁感，动态显示的效果和静态显示是一样的，能够节省大量的 I/O 端口，而且功耗更低。

调试经验

动态显示方式在实际应用中，不能有长时间地停止数码管扫描的语句，否则会影响显示效果。

任务拓展

1）如何在时、分、秒后面加上小数点显示？

2）如果采用共阳极数码管显示，程序或电路如何修改？

任务二　制作时间可调的 LED 电子表

任务描述

上一任务制作的电子表实现了时、分、秒的显示功能，本任务将增加 3 个功能按键（功能设置键、加一键和减一键），使该电子表具有如下 4 种功能：正常显示时间功能；调小时功能；调分钟功能；调秒数功能。使用时，先按动功能设置键“MODE”选取某一功能，然后按“ + ”号或“ - ”号键调整时、分、秒的值。

学习目标

1. 知识目标

1）掌握独立键盘的编程方法；

2）掌握功能键的设置方法。

2. 技能目标

能够熟练编写功能键设置程序。

任务分析

完成本任务需要 4 个学时，在本任务中需要设置一个模式切换键，因此本任务的重点就是在上一个任务的基础上，怎样使用模式切换键切换工作模式。

设备、仪器仪表及材料准备

计算机（含相关软件）1 台，USB 转 TTL 单片机下载器 1 个，30W 电烙铁 1 把，数字（或模拟）万用表 1 块，尖嘴钳、斜口钳、裁纸刀各 1 把，细导线、焊锡和松香若干。任务所需电子元器件见表 7-2。

任务实施

活动一：识读电路图

单片机的 P3. 0、P3. 1 和 P3. 2 外接 3 个按键，用于调时，其中 K1 为模式设置键（MODE），用于选择时、分、秒，K2 和 K3 分别为“加一”和“减一”键，用于调时，如图 7-6 所示。

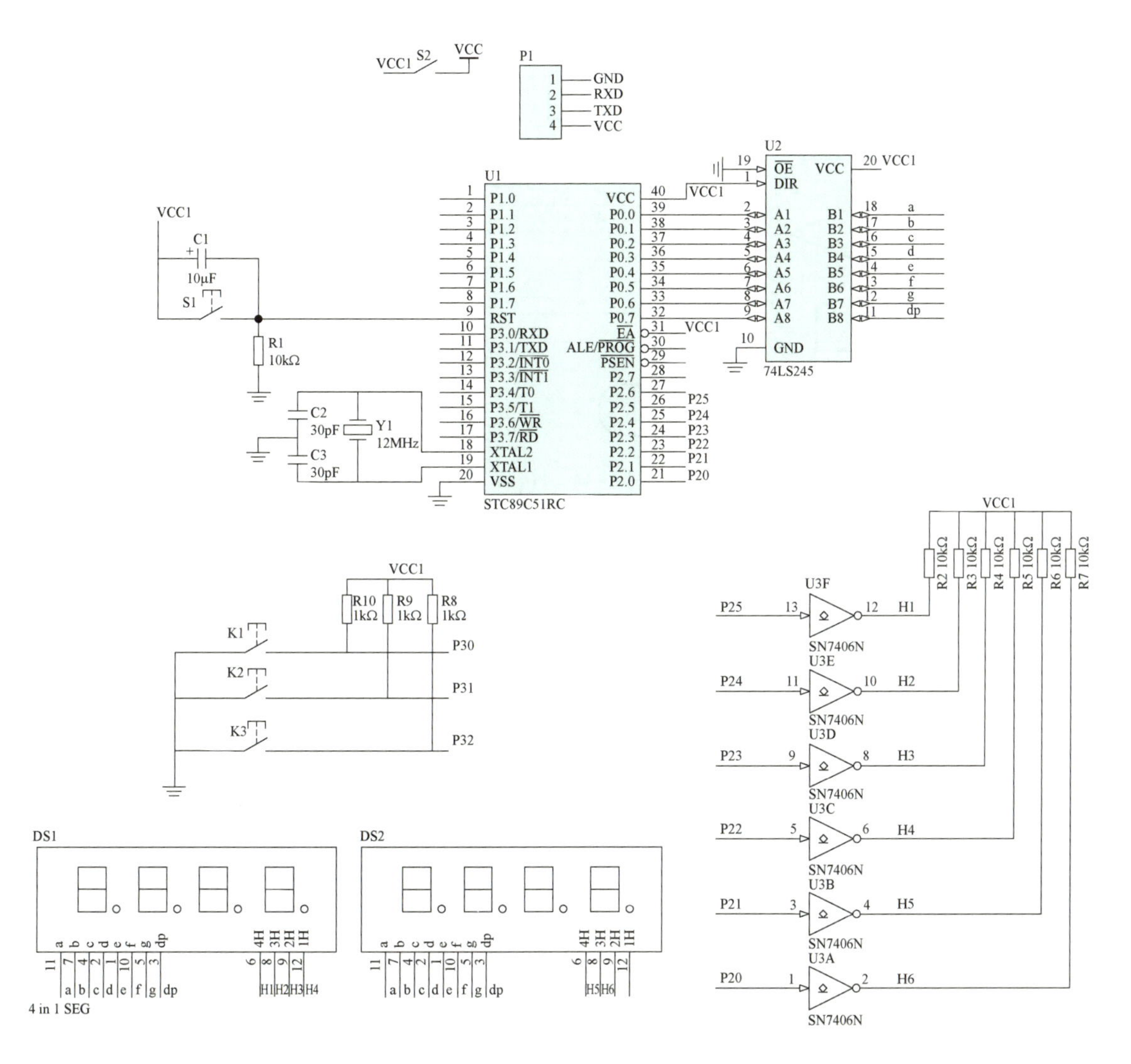

图 7-6　时间可调的电子表电路原理图

活动二：绘制程序流程图

绘制以下函数程序流程图。

1）主函数（分组讨论，读者自行绘制）；

2）按键扫描处理函数（见图 7-7）；

3）延时函数（略）；

4）设置工作模式函数（分组讨论，读者自行绘制）；

5）加一函数和减一函数（分组讨论，读者自行绘制）；

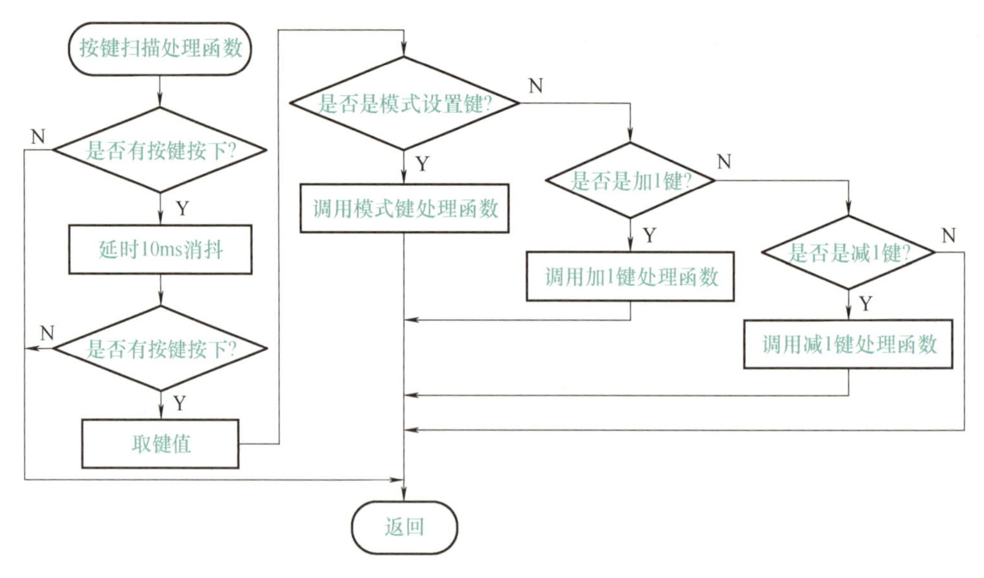

图 7-7 按键扫描处理函数

6）显示函数（分组讨论，读者自行绘制）；

7）定时器 T0 初始化和定时器 T0 中断服务函数（分组讨论，读者自行绘制）。

活动三：绘制仿真电路图（见图 7-8）

此仿真电路图省略了单片机最小系统电路。

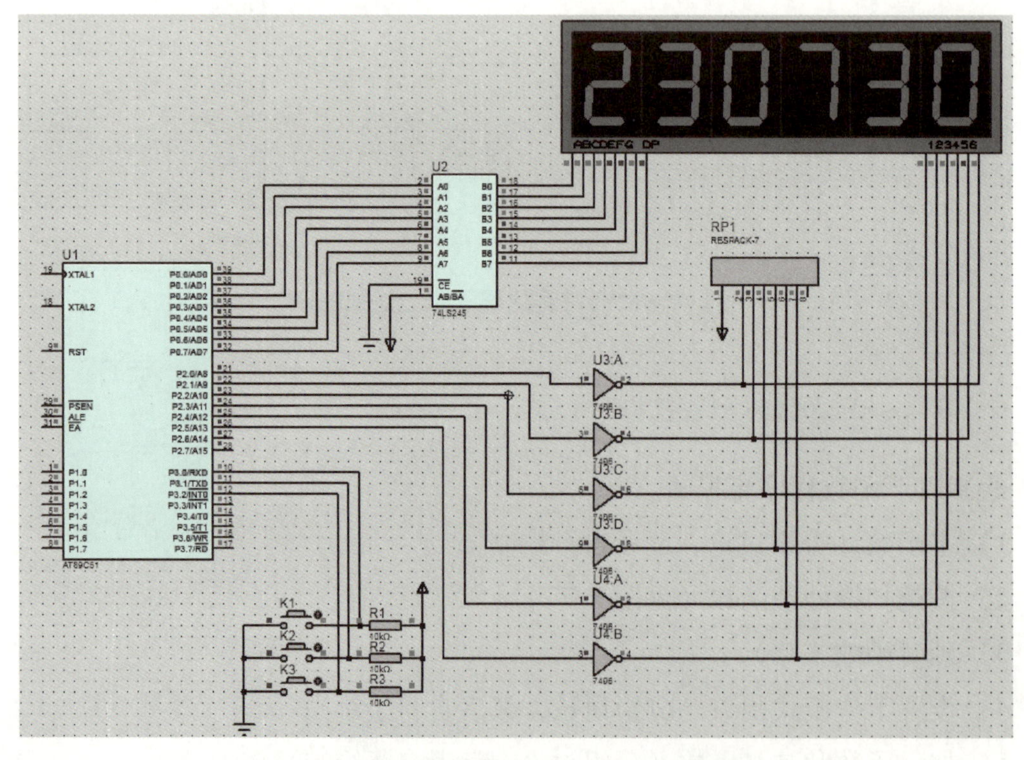

图 7-8 时间可调的电子表 Proteus 仿真电路图

活动四：编程

```
//参考程序:时间可调的电子表程序
#include <reg51.h>
#include <intrins.h>
#define uchar unsigned char
#define uint unsigned int
sbit LED0 = P0^0;
uchar set = 0;//模式设置
            //0-正常显示时间(时、分、秒),1-小时调整显示,2-分调整显示,3-秒调整
              显示
uint  t_100ms = 0;
uchar hour = 0;
uchar min = 0;
uchar sec = 0;
uchar buf[6] = {0,0,0,0,0,0};//  sec1 sec0 min1 min0 hour1 hour0
uchar code SEG[10] = {0x3f,0x06,0x5b,0x4f,0x66,0x6d,0x7d,0x07,0x7f,
0x6f};/dp gfedcba
uchar code POS[6] = {0x01,0x02,0x04,0x08,0x10,0x20};
/*----------------------------------函数声明----------------------------------*/
void disp(void);
void set_adj(void);
void inc_key(void);
void dec_key(void);
void get_key(void);
void disp_min(void);
void disp_sec(void);
void disp_hour(void);
/*----------------------------------延时函数----------------------------------*/
void delay(uint k)
{
    uint i,j;
    for(i = 0;i < k;i ++)
    {
      for(j = 0;j <125;j ++)
      {;}
    }
}
/*-----------------------------按键扫描处理函数-----------------------------*/
void get_key(void)
{
    uchar xx;
    P3 = 0xff;
```

```
    if(P3!=0xff)
    {
        delay(10);     //延时消抖动
        if(P3!=0xff)
        {
            xx=P3;
            switch(xx)
            {
              case 0xfe:set_adj();break;  //模式设置键  1111 1110 p3.0
              case 0xfd:inc_key();break;  //加1键      1111 1101 p3.1
              case 0xfb:dec_key();break;  //减1键      1111 1011 p3.2
              default:break;
          }
        }
    }
    while(P3!=0xff);
}
/*------------------------------设置工作模式函数------------------------------*/

void set_adj(void)
{
    set++;
    if(set>=4) set=0;
}
/*------------------------------加一键处理函数----------------------------------*/

void inc_key(void)
{
    switch(set)
    {
        case 0:LED0=0;break;
        case 1:if(hour<=22){hour++;}else {hour=0;} break;
        case 2:if(min<=58){min++;} else {min=0;} break;
        case 3:if(sec<=58){sec++;} else {sec=0;} break;
        default:break;
    }
}
/*------------------------------减一键处理函数----------------------------------*/
void dec_key(void)
```

```
{
    switch(set)
    {
        case 0:break;
        case 1:if(hour! =0){hour--;} else {hour =23;} break;
        case 2:if(min! =0){min--;}  else {min =59;} break;
        case 3:if(sec! =0){sec--;}  else {sec =59;} break;
        default:break;
    }
}
/*--------------------------------定时器0初始化函数--------------------------*/
void init_timer0(void)
{
  TMOD =0x01;
  TH0 = -50000/256;
  TL0 = -50000%256;//50ms/1μs =50000
  TR0 =1;
  ET0 =1;
}
/*--------------------------定时器0中断服务函数----------------------------*/
void Int_timer0() interrupt 1 using 0
{
    TH0 = -50000/256;
    TL0 = -50000%256;//50ms/1μs =50000
    t_100ms ++;
    if(t_100ms >=20)
    {
        t_100ms =0;
        sec ++;
        if(sec >=60)
        {
            sec =0;
            min ++;
            if(min >=60)
            {
                min =0;
                hour ++;
                if(hour >=24)
                {
                    hour =0;
                }
            }
        }
    }
```

```
}
/*------------------------------显示函数------------------------------------*/
void disp(void)
{   uchar i,j;
    for(i=0;i<=5;i++)
    {
        P2=WEI[i];
        j=buf[i];
        P0=SEG[j];
        delay(10);
    }
}
/*------------------------------------------主函数---------------------------------*/
void main(void)
{
  init_timer0();
  EA=1;
  while(1)
  {
       get_key();                  //按键扫描处理函数
       buf[0]=sec%10;              //秒的个位
       buf[1]=sec/10;              //秒的十位
       buf[2]=min%10;              //分的个位
       buf[3]=min/10;              //分的十位
       buf[4]=hour%10;             //小时的个位
       buf[5]=hour/10;             //小时的十位
       disp();                     //显示函数
  }
}
```

活动五：软件仿真，调试程序

活动六：焊接电路

表7-2为时间可调电子表元器件清单。

表 7-2　时间可调电子表电路元器件清单

序　号	元器件名称	元器件标号	规格及标称值	数　量
1	电解电容	C1	10μF	1 个
2	瓷片电容	C2、C3	30pF	2 个
3	电阻	R1 ~ R7	10kΩ	7 个
4	电阻	R8 ~ R10	1kΩ	3 个
5	反相器	U2	74LS245	1 个
6	数码管	DS1、DS2	四位共阴极，0.5 英寸	2 个
7	微动开关	S1、K1 ~ K3	6mm × 6mm	4 个
8	排针	P1	单排 2.54mm	4 根
9	自锁开关	S2	8mm × 8mm	1 个
10	单片机	U1	STC89C51RC	1 个
11	晶振	Y1	12MHz	1 个
12	反向器插座		DIP20	1 个
13	单片机插座		DIP40	1 个
14	单孔万能实验板		90mm × 70mm	1 块

活动七：下载程序，验证功能

由读者自行将程序下载到单片机中并验证其实际功能。

任务拓展

1）模式设置，设置某一位时，点亮相应位的小数点；

2）增加一个清零键，按动此键时间归零。

项目小结

本项目在项目六基础上，从 6 位数显电子表到时间可调的电子表，循序介绍了常用数码管的相关知识，主要内容如下：

1）当单片机采用数码管显示信息，并且位数较多时，一般采用数码管动态显示方式。

2）数码管动态显示电路是将所有数码管的 8 个笔段“a，b，c，d，e，f，g，dp”的同名端连接在一起，仅用一个并行口控制，称为“段选端”。另外为每个数码管的公共极 com 增加位选通控制电路，由各自独立的 I/O 线控制，称为“位选端”。通过分、时轮流控制各个 LED 数码管的 com 端，就使各个数码管轮流显示，这就是动态驱动。

3）在轮流显示过程中，每位数码管的点亮时间为 1～2ms，由于人的视觉暂留现象及发光二极管的余晖效应，尽管实际上各位数码管并非同时点亮，但只要扫描的速度足够快，给人的印象就是一组稳定的显示数码管，不会有闪烁感。

评价分析

完成评价反馈表，见表 7-3。

表 7-3　项目评价反馈表

评价内容	分　值	自我评价	小组评价	教师评价	综　合	备　注
显示时、分、秒的电子表	40 分					
时间可调的电子表	60 分					
合计	100 分					
取得成功之处						
有待改进之处						
经验教训						

项目习题

一、填空题

1. 当单片机采用数码管显示信息，并且位数较多时，一般采用________显示方式。

2. 数码管动态显示电路是将所有数码管的 8 个笔段“a，b，c，d，e，f，g，dp”的同名端连接在一起，仅用一个并行口控制，称为________。另外为每个数码管的公共极 com 增加位选通控制电路，由各自独立的 I/O 线控制，称为________。

二、选择题

1. LED 数码管若采用动态显示方式，下列说法正确的是（　　）。

A. 将各位数码管的段选线单独连接到不同的 I/O 端口

B. 将段选线用 1 个八位 I/O 端口控制

C. 将各位数码管的公共端直接接在 +5V 或者 GND 上

D. 将各位数码管的位选线并联

2. 在单片机应用系统中，LED 数码管显示电路通常有（　　）显示方式。

A. 静态　　B. 动态　　C. 静态和动态　　D. 静态、动态相结合

3. 在轮流显示过程中，每位数码管的点亮时间为（　　），使人感觉不到闪烁。

A. 1 ~ 2ms　　B. 5 ~ 10ms　　C. 10 ~ 50ms　　D. 1 ~ 2s

三、简答题

1. 数码管静态显示与动态显示的区别是什么？如何选择使用？

2. 本项目中数码管动态显示段选端和位选端分别使用什么芯片进行控制？它们的接入对程序编写有何影响？

项目八　液晶显示广告屏

项目描述

液晶显示器广泛应用于各种电子设备中，如计算器、数字万用表、电子表、户外广告屏、计算机显示屏、电视机等，本项目中将使用液晶显示模块 LCD1602 制作一个简易的液晶显示广告屏，能够滚动显示广告内容。

任务一　制作静态显示广告屏

任务描述

在液晶屏的第一行静态显示“Happy Learning”，第二行显示“Welcome to QD”。

学习目标

1. 知识目标

1）了解 LCD1602 液晶显示模块的外围引脚及其功能；

2）了解 LCD1602 液晶显示模块的工作原理；

3）掌握 LCD1602 与单片机之间的接口和编程控制方法。

2. 技能目标

1）能够自主完成 LCD1602 静态显示硬件电路的搭建；

2）熟练编写 LCD1602 控制程序，并能使 LCD1602 静态显示信息。

任务分析

在 4 个学时内完成如下工作任务：

1）识读电路图，绘制程序流程图，编写程序；

2）绘制仿真电路图，仿真调试；

3）焊接电路，下载程序，测试功能。

设备、仪器仪表及材料准备

内容与项目一相似，此处不再赘述。

任务实施

活动一：识读电路图

液晶模块 LCD1602 的数据口接至单片机的 P1 口，液晶模块的控制端口接至单片机的 P2.5、P2.6、P2.7，电位器 RP 用于调节液晶显示对比度，电路图如图 8-1所示。

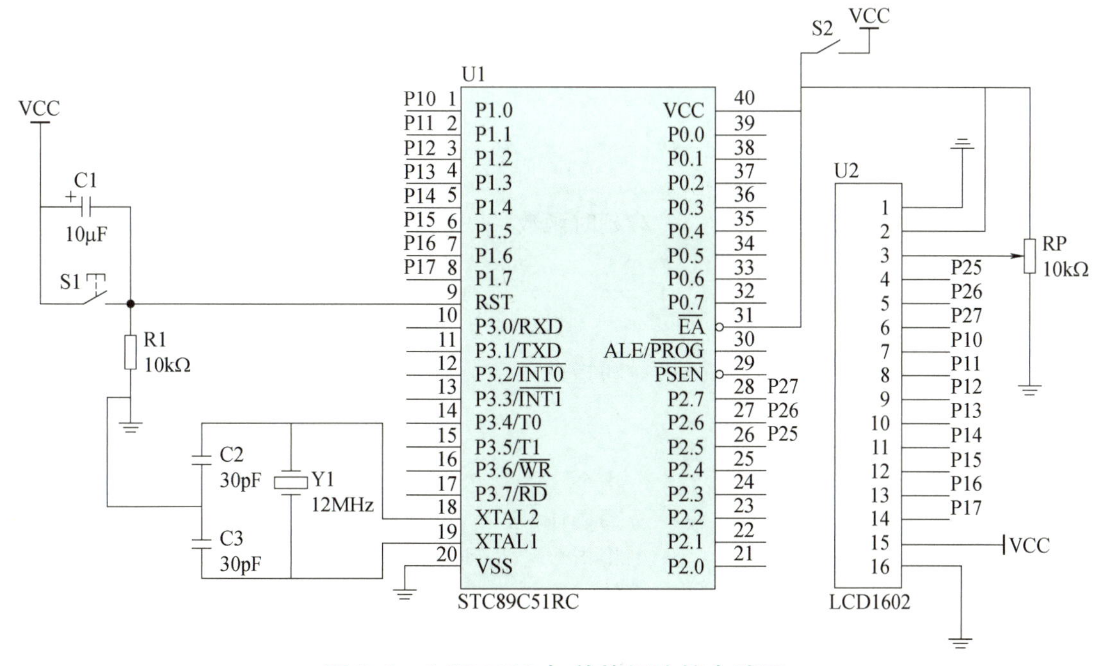

图 8-1　LCD1602 与单片机连接电路图

活动二：绘制程序流程图（见图 8-2）

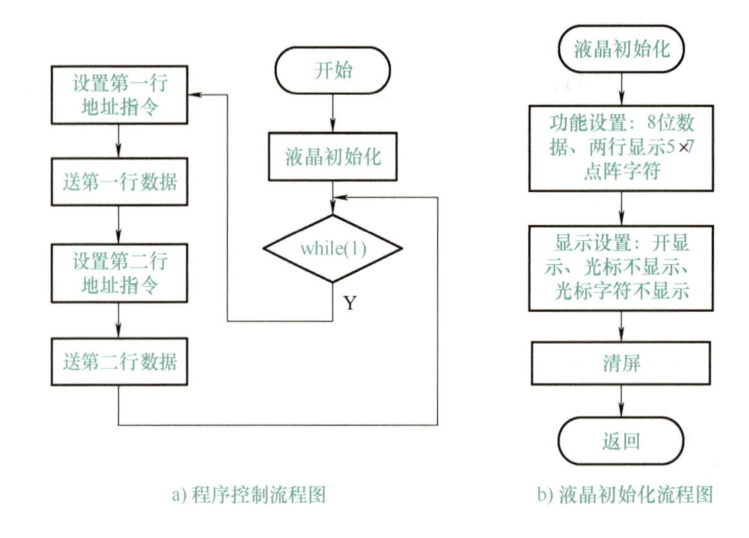

a) 程序控制流程图　　b) 液晶初始化流程图

图 8-2　LCD1602 静态显示程序流程图

活动三：编写程序

```
#include <reg51.h>
#define uchar unsigned char
#define uint unsigned int
sbit rs = P2^5;
sbit rw = P2^6;
sbit e = P2^7;
uchar a[] = "Happy Learning";
uchar b[] = "Welcome to QD";
void delay(uint i)              //延时函数
{
    while(i--);
}
void wrc(uchar c)               //写指令
{
    delay(1000);
    rs = 0;                     //指令
    rw = 0;                     //写操作
    P1 = c;                     //将指令 c 写到 P1 口
    e = 1;                      //使能有效
    delay(10);
    e = 0;                      //使能无效
```

```
}
void wrd(uchar dat)              //写数据
{
    delay(1000);
    rs=1;                        //数据
    rw=0;                        //写操作
    P1=dat;                      //将数据 dat 写到 P1 口
    e=1;                         //使能有效
    delay(10);
    e=0;                         //使能无效
    rs=0;
}
void init()                      //初始化 LCD1602
{
    delay(1000);
    wrc(0x38);                   //8 位数据宽度,两行字符显示,5×7 点阵
    wrc(0x38);                   //多次操作,确保命令有效
    wrc(0x38);
    wrc(0x0c);                   //开启显示开关,并且不显示光标
    wrc(0x01);                   //清屏
}
void display()                   //显示子函数
{
    uchar i,j;
    wrc(0x00+0x80);              //第一行起始地址
    for(i=0;i<14;i++)            //字符串长度
    {
        wrd(a[i]);               //数据
    }
    wrc(0x40+0x80);              //第二行起始地址
    for(j=0;j<13;j++)            //字符串长度
    {
        wrd(b[j])                //数据
    }
}
void main()
{
    init();
    while(1)
    {
        display();
    }
}
```

活动四：软件仿真，调试程序（仿真图见图 8-3）

此仿真图省略了最小系统电路。

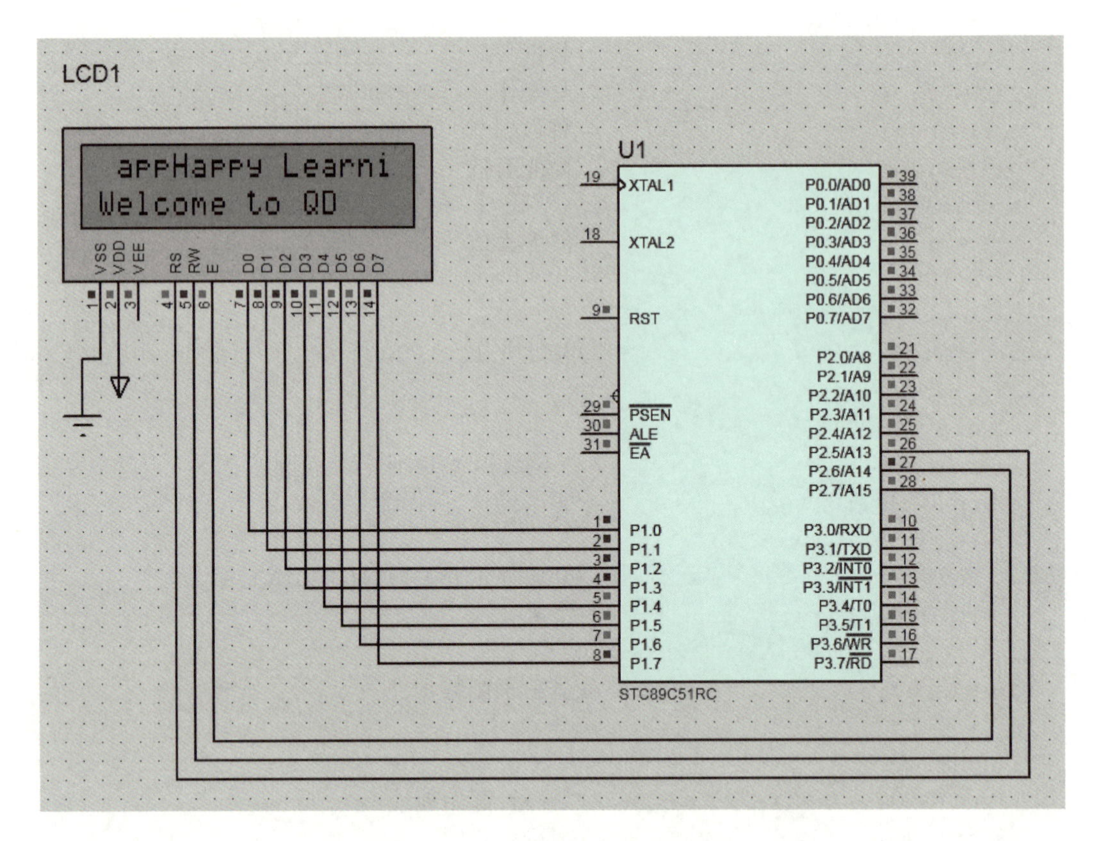

图 8-3 LCD1602 电路仿真图

活动五：软件仿真，调试程序

由读者自行进行软件仿真，并调试程序。

活动六：焊接电路

本电路所需元器件见表 8-1。

表 8-1 LCD1602 元器件清单

序　　号	元器件名称	元器件标号	规格及标称值	数　　量
1	电解电容	C1	10μF	1 个
2	瓷片电容	C2、C3	30pF	2 个
3	电阻	R1	10kΩ	1 个

（续）

序　　号	元器件名称	元器件标号	规格及标称值	数　　量
4	电位器	RP	10kΩ	1个
5	液晶显示器	U2	LCD1602	1块
6	微动开关	S1	6mm×6mm	1个
7	自锁开关	S2	8mm×8mm	1个
8	单片机	U1	STC89C51RC	1个
9	晶振	Y1	12MHz	1个
10	单片机插座		DIP40	1个
11	单孔万能实验板		90mm×70mm	1块

活动七：下载程序，验证功能

由读者自行将程序下载到单片机中并验证其实际功能。

知识链接

一、字符型液晶显示模块 LCD1602 显示模块介绍

LCD1602 是专门用来显示字母、数字、符号等的点阵型液晶显示模块。它是一种低功耗的显示模块，能够显示两行，每行可以显示 16 个字符。LCD1602 显示模块实物及外围引脚分别如图 8-4 和图 8-5 所示。

图 8-4　LCD1602 实物图

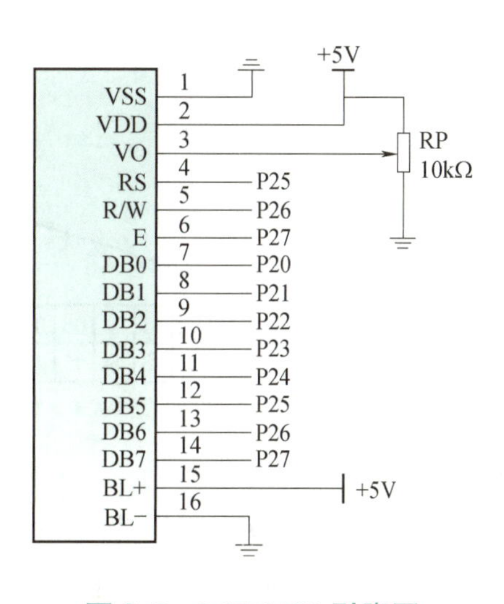

图 8-5　LCD1602 引脚图

字符型 LCD1602 显示模块接口定义见表 8-2。

表 8-2　字符型 LCD1602 显示模块接口定义

引 脚 号	引 脚 标 识	说　明
PIN1	VSS	接 0V
PIN2	VDD	接 4.8 ~ 5V
PIN3	VO	对地接电阻 470Ω ~ 2kΩ
PIN4	RS	RS = 0，指令寄存器；RS = 1，数据寄存器
PIN5	R/W	R/W = 0，写；R/W = 1，读
PIN6	E	允许信号
PIN7	DB0	数据 0
PIN8	DB1	数据 1
PIN9	DB2	数据 2
PIN10	DB3	数据 3
PIN11	DB4	数据 4
PIN12	DB5	数据 5
PIN13	DB6	数据 6
PIN14	DB7	数据 7
PIN15	BL +	背光正极，接 4.8 ~ 5V
PIN16	BL -	背光负极，接 0V

二、LCD1602 地址映射图（见图 8-6）

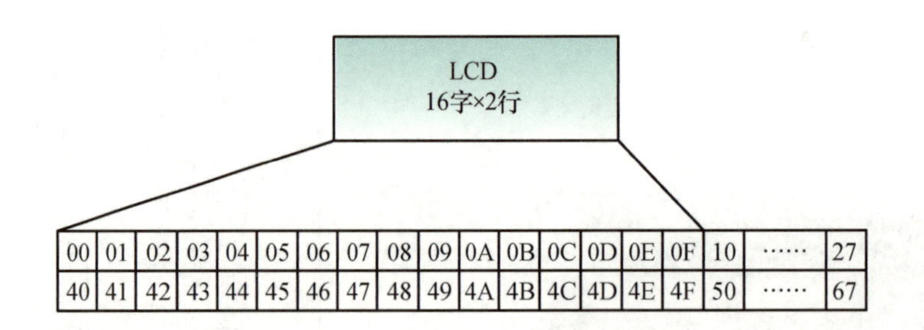

图 8-6　LCD1602 地址映射图

LCD1602 的液晶屏采用 2 行 16 列显示模式，屏幕显示地址为 00H ~ 0FH（第一行）和 40H ~ 4FH（第二行），其他地址可以存储待显示的数据。

三、LCD1602 的指令系统

1. 清屏指令

功能：清除液晶显示内容，即将 DDRAM 中的内容全部填入 20H（空白字符），光标回到显示屏的左上方，将地址计数器（AC）设为 0，光标移动方向为从左向右，并且 DDRAM 的自增量为 1（I/D = 1）。指令配置见表 8-3。

表 8-3　清屏指令配置表

命　　令	RS	R/W	DB7	DB6	DB5	DB4	DB3	DB2	DB1	DB0
设　　置	0	0	0	0	0	0	0	0	0	1

2. 光标归位指令

功能：将地址计数器（AC）设为 0，DDRAM 内容保持不变，光标移至左上角。指令配置见表 8-4。

表 8-4　光标归位指令配置表

命　　令	RS	R/W	DB7	DB6	DB5	DB4	DB3	DB2	DB1	DB0
设　　置	0	0	0	0	0	0	0	0	1	-

3. 进入模式设置指令

功能：设定每次写入 1 位数据后，光标移位方向并且确定整体显示是否移动。I/D = 0 光标左移，DDRAM 地址自减 1，I/D = 1 光标右移，DDRAM 地址自增 1。SH = 0 且 DDRAM 是读操作（CGRAM 读或写），整个屏幕不移动；SH = 1 且 DDRAM 是写操作，整个屏幕移动，移动方向由 I/D 决定。指令配置见表 8-5。

表 8-5　进入模式设置指令配置表

命　　令	RS	R/W	DB7	DB6	DB5	DB4	DB3	DB2	DB1	DB0
设　　置	0	0	0	0	0	0	0	1	I/D	SH

4. 显示开关控制指令

功能：D = 1，显示功能开；D = 0，显示功能关，但是 DDRAM 中的数据依然保留。C = 1，有光标；C = 0，没有光标。B = 1，光标闪烁；B = 0，光标不闪烁。指令配置见表 8-6。

表 8-6　显示开关控制指令配置表

命　　令	RS	R/W	DB7	DB6	DB5	DB4	DB3	DB2	DB1	DB0
设　　置	0	0	0	0	0	0	1	D	C	B

5. 设置显示屏或光标移动方向的指令

功能：整屏的移动或光标移动。S/C =0，R/L =0：光标左移，地址计数器减 1（即显示内容和光标一起左移）。S/C =0，R/L =1：光标右移，地址计数器加 1（即显示内容和光标一起右移）。S/C =1，R/L =0：显示内容左移，光标不移动。S/C =1，R/L =1：显示内容右移，光标不移动。指令配置见表 8-7。

表 8-7　设置显示屏或光标移动方向指令配置表

命　　令	RS	R/W	DB7	DB6	DB5	DB4	DB3	DB2	DB1	DB0
设　　置	0	0	0	0	0	1	S/C	R/L	—	—

6. 功能设定指令

功能：设定数据总线位数、显示的行数及字形。DL =1，数据总线是 8 位，DL =0，数据总线是 4 位。N =0，显示 1 行；N =1，显示两行。F =0，5 ×8 点阵/字符，F =1，5 ×11 点阵/字符。指令配置见表 8-8。

表 8-8　功能设定指令配置表

命　　令	RS	R/W	DB7	DB6	DB5	DB4	DB3	DB2	DB1	DB0
设　　置	0	0	0	0	1	DL	N	F	—	—

7. 数据指针

功能：设置 DDRAM 地址指针。指令配置见表 8-9。

表 8-9　数据指针指令配置表

命　　令	RS	R/W	DB7	DB6	DB5	DB4	DB3	DB2	DB1	DB0
设　　置	0	0	80H + 地址码（第 1 行：0 ~ 27H，第 2 行：40 ~ 67H）							

8. 写数据

功能：写数据到 DDRAM 中。指令配置见表 8-10。

表 8-10　写数据指令配置表

命　　令	RS	R/W	DB7	DB6	DB5	DB4	DB3	DB2	DB1	DB0
设　　置	1	0	数据							

9. 读数据

功能：从 DDRAM 中读取数据。指令配置见表 8-11。

表 8-11　读数据指令配置表

命　令	RS	R/W	DB7	DB6	DB5	DB4	DB3	DB2	DB1	DB0
设　置	1	1	数据							

四、LCD1602 控制器接口时序说明

1. 读操作时序图（见图 8-7）

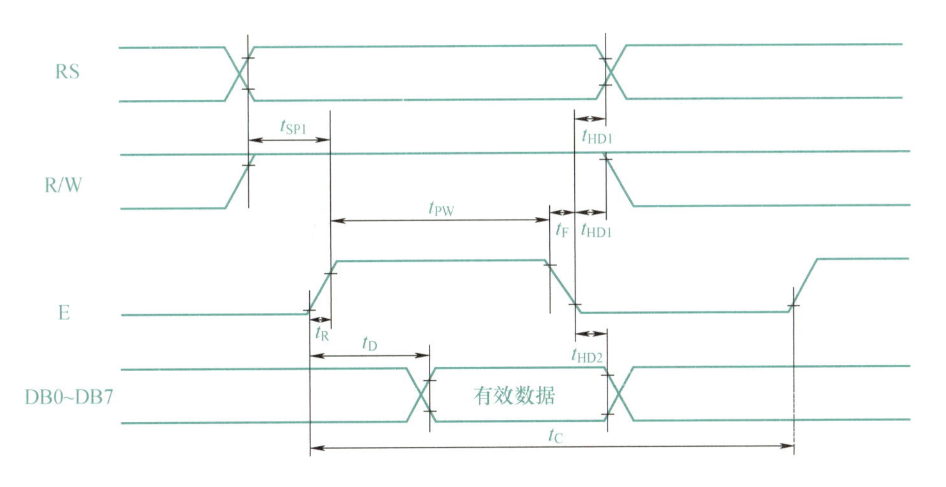

图 8-7　读操作时序图

2. 写操作时序图（见图 8-8）

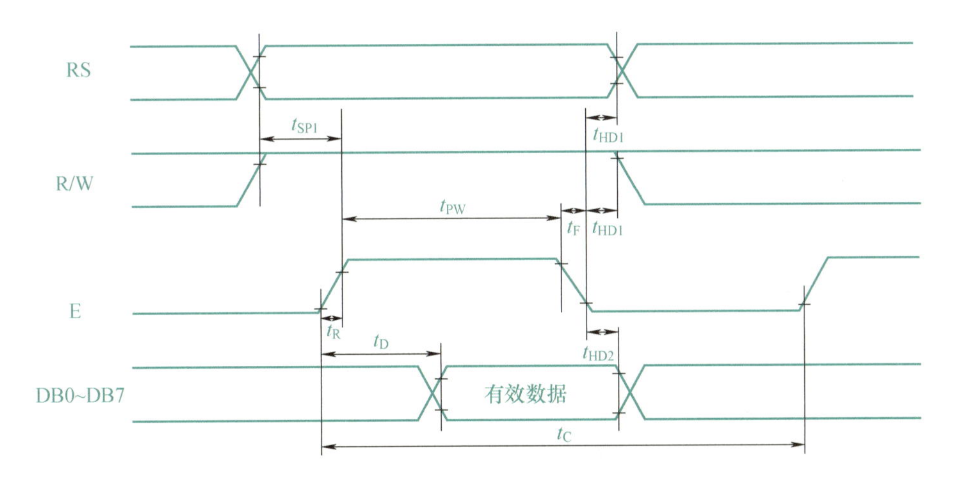

图 8-8　写操作时序图

任务拓展

在 LCD1602 字符型液晶显示模块显示屏的第一行居中显示“Happy Learning”，第二行居中显示“Welcome to QD”。绘制程序流程图，编程，仿真调试程序。

项目八任务二

任务二　制作滚动显示广告屏

任务描述

使用 LCD1602 字符型液晶显示模块制作可以滚动显示广告内容的广告屏，第一行滚动显示“Hello，Welcome!”第二行滚动显示时间，格式要求“00：00：00”。

学习目标

1. 知识目标

掌握 LCD1602 控制指令以及编程方法。

2. 技能目标

掌握正确使用 LCD1602 编写液晶动态显示的方法。

任务分析

在 4 个学时内完成如下工作任务：

1）识读电路图，绘制程序流程图，编写程序。

2）绘制仿真电路图，并进行仿真调试。

3）焊接电路，下载程序，测试功能。

设备、仪器仪表及材料准备

内容与任务一相同，此处不再赘述。

任务实施

活动一：识读电路图

与任务一相似，此处不再赘述。

活动二：绘制程序流程图（见图 8-9）

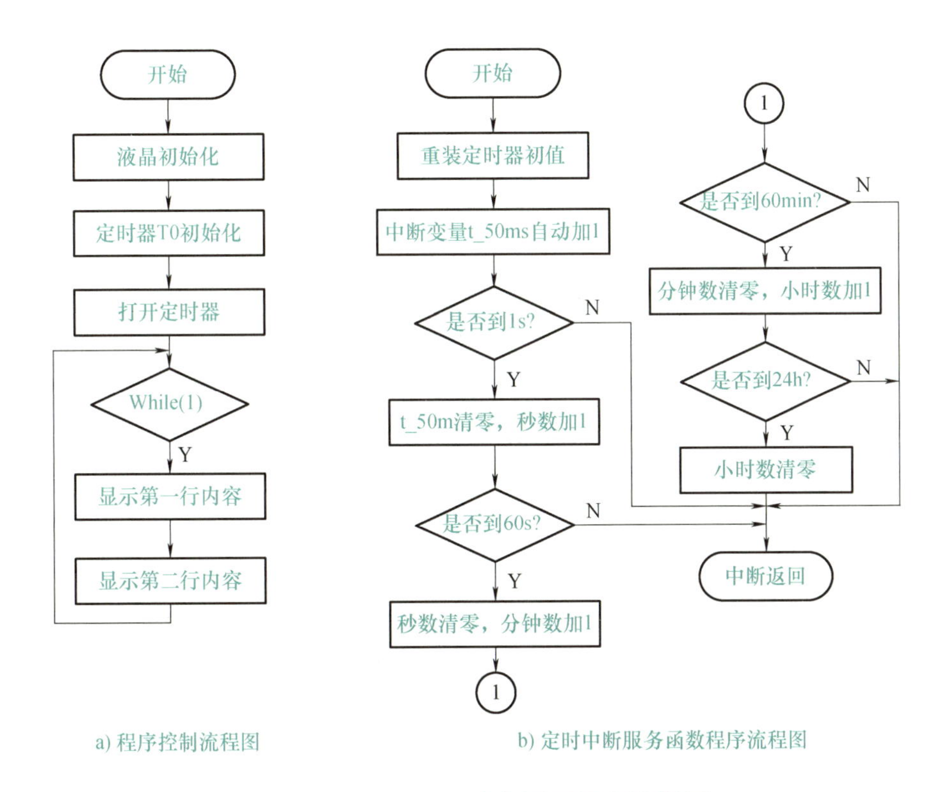

图 8-9　LCD1602 动态显示程序流程图

活动三：编写程序

```
#include <reg51.h>
#include  <intrins.h>
#define uchar unsigned char
#define uint unsigned int
sbit rs = P2^5;
sbit rw = P2^6;
sbit e = P2^7;
uint  t_50ms = 0;
```

```
uchar hour =0;
uchar min =0;
uchar sec =0;
uchar a[] ="Hello,Welcome!";
uint code b[] ={0x30,0x31,0x32,0x33,0x34,0x35,0x36,0x37,0x38,0x39};
void delay(uint i) //延时函数
{
    while(i --);
}
void wrc(uchar c)                    //写指令
{
    rs =0;                           //数据选择控制
    rw =0;                           //写操作
    P1 =c;                           //将指令 c 写到 P1 口
    e =1;                            //使能有效
    delay(10);
    e =0;                            //使能无效
}
void wrd(uchar dat)                  //写数据
{
    rs =1;                           //数据
    rw =0;                           //写操作
    P1 =dat;                         //将数据 dat 写到 P1 口
    e =1;                            //使能有效
    delay(10);
    e =0;                            //使能无效
}
void init()                          //初始化 LCD1602
{
    wrc(0x38);                       //8 位数据宽度,两行字符显示,5 ×7 点阵
    delay(500);
    wrc(0x38);                       //多次操作,确保命令有效
    delay(500);
    wrc(0x38);
    wrc(0x0c);                       //开启显示,不显示光标
    wrc(0x01);                       //清屏


}
void display()                       //显示子函数
{
    uchar i,j,c1,c2,c3,c4,c5,c6;
    wrc(0x18);
    delay(10000);
```

```
        c1 = sec% 10,c2 = sec/10,c3 = min% 10,c4 = min/10,c5 = hour% 10,c6 =
hour/10;
        wrc(0x01 +0x80);                    //设置起始地址,从第 1 行第 2 列开始显示
        for(i =0;i <14;i ++)               //字符串长度
        {
            wrd(a[i]);                      //送数据
        }
        wrc(0x44 +0x80);                    //设置起始地址,从第 2 行第 5 列开始显示
        wrd(b[c6]);wrd(b[c5]);             //输送数据
        wrd(':');
        wrd(b[c4]);wrd(b[c3]);
        wrd(':');
        wrd(b[c2]);wrd(b[c1]);
    }
    void int_timer0() interrupt 1
    {
        TH0 = -50000/256;
        TL0 = -50000%256;                   //50ms/1μs =50000
        t_50ms ++;
        if(t_50ms >=20)                     //1s
        {
            t_50ms =0;
            sec ++;
            if(sec >=60)
            {
                sec =0;
                min ++;
                if(min >=60)
                {
                    min =0;
                    hour ++;
                    if(hour >=24)
                    {
                        hour =0;
                    }
                }
            }
        }
    }
    void main()
    {
        init();                             //调用液晶初始化子函数
        TMOD =0x01;                         //定时器初始化
        TH0 = -50000/256;
```

```
    TL0 = -50000%256;
    TR0 =1;
    ET0 =1;
    EA =1;                          //开启定时器
    while(1)
    {
        display();
    }
}
```

活动四：软件仿真，调试程序

由读者自行完成软件仿真，并调试程序。仿真效果图如图 8-10 所示。

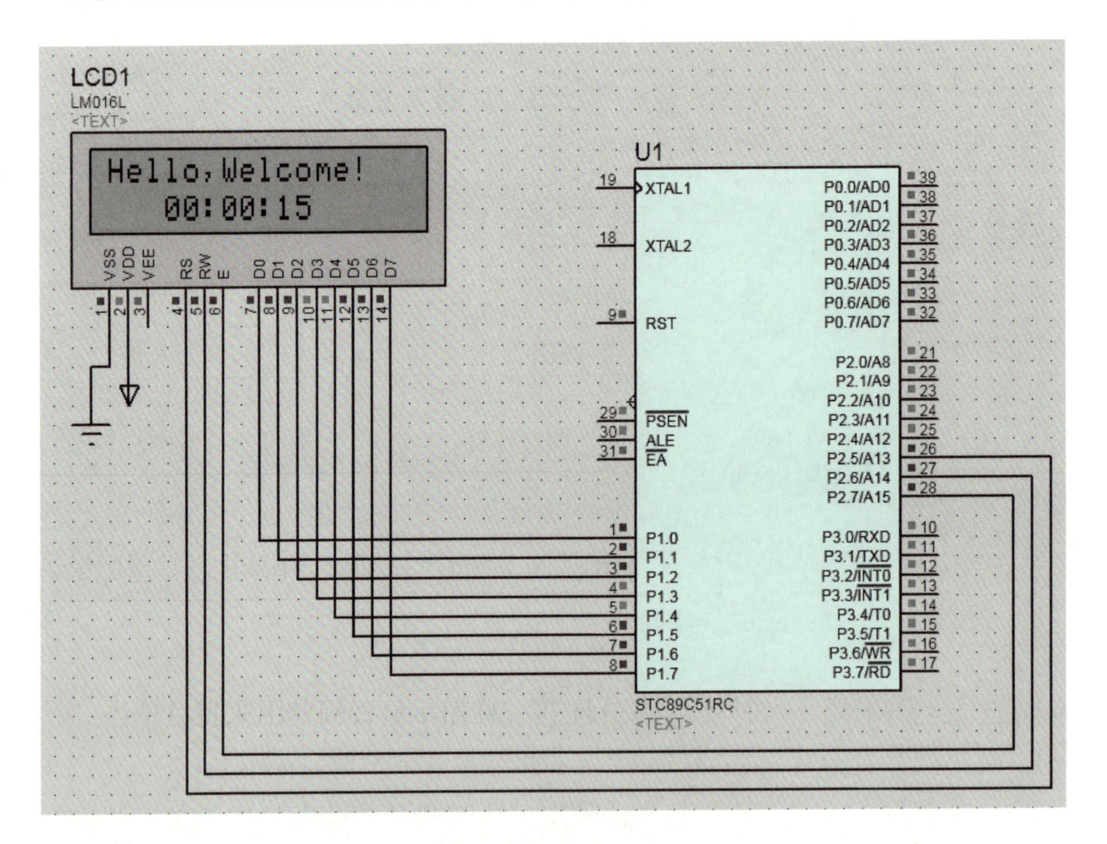

图 8-10　仿真效果图

活动五：焊接电路，下载程序，验证功能

由读者自行将程序下载到单片机中并验证其实际功能。

任务拓展

请在本项目的基础上，为其设计上两个按键 SW1、SW2，按下 SW1 屏幕显示内容往左移，按下 SW2 屏幕内容往右移动。自行完成程序流程图的设计，软件仿真，搭建电路，并进行测试。

项目小结

本项目从 LCD1602 显示入手，完成了滚动广告屏显示的设计，并介绍了 LCD1602 广告屏的编程方法。重点内容如下：

1）LCD1602 是专门用来显示字母、数字、符号等的点阵型液晶显示模块。它是一种低功耗的显示模块，能够显示两行，每行可以显示 16 个字符。

2）LCD1602 屏幕所能显示的地址为 00H ~ 0FH（第一行），40H ~ 4FH（第二行），其他地址可以存储待显示的数据。

3）LCD1602 指令系统包括清屏指令、光标归位指令、进入模式设置指令、显示开关控制指令、设置显示屏或光标移动方向的指令、功能设定指令、数据指针指令、写数据指令和读数据指令等。

评价分析

完成项目评价反馈表，见表 8-12。

表 8-12　项目评价反馈表

评价内容	分　值	自我评价	小组评价	教师评价	综　合	备　注
LCD1602 静态显示	40 分					
LCD1602 动态显示	60 分					
合计	100 分					
取得成功之处						
有待改进之处						
经验教训						

项目九　串口通信控制器

项目描述

串口通信广泛应用于各种家用电器和工业控制设备的通信控制中，利用单片机的串口可以实现各种有线和无线通信控制功能。本项目制作一个串口控制的产品计数器和一个双机串口通信控制器，通过本项目的学习，可以掌握串行口通信控制基本方法。

项目九任务一

任务一　制作串口控制产品计数器

任务描述

制作一个串口控制的产品计数器，模拟流水线上的产品计数功能，按键每按动一次，模拟增加一个产品，用一位数码管显示数量，数量为 7 时，将计数值归 0，重新开始计数。

学习目标

1. 知识目标

1）了解串行通信的基本原理；

2）了解单片机串口的基本结构和功能；

3）掌握串行口方式 0 的应用方法。

2. 技能目标

掌握使用串行口方式 0 编程控制 LED 数码管静态显示的方法。

任务分析

在 4 个学时内完成如下工作任务：

1）识读电路图；

2）绘制程序流程图，编写程序；

3）绘制仿真电路图，并仿真调试；

4）焊接电路，下载程序，测试功能。

设备、仪器仪表及材料准备

计算机（含相关软件）1 台，USB 转 TTL 单片机下载器 1 个，30W 电烙铁 1 把，数字（或模拟）万用表 1 块，尖嘴钳、斜口钳、裁纸刀各 1 把，细导线、焊锡和松香若干。任务所需元器件见表 9-1。

任务实施

活动一：识读电路原理图

图 9-1 所示为产品计数器电路原理图，采用单片机的串行口和移位寄存器

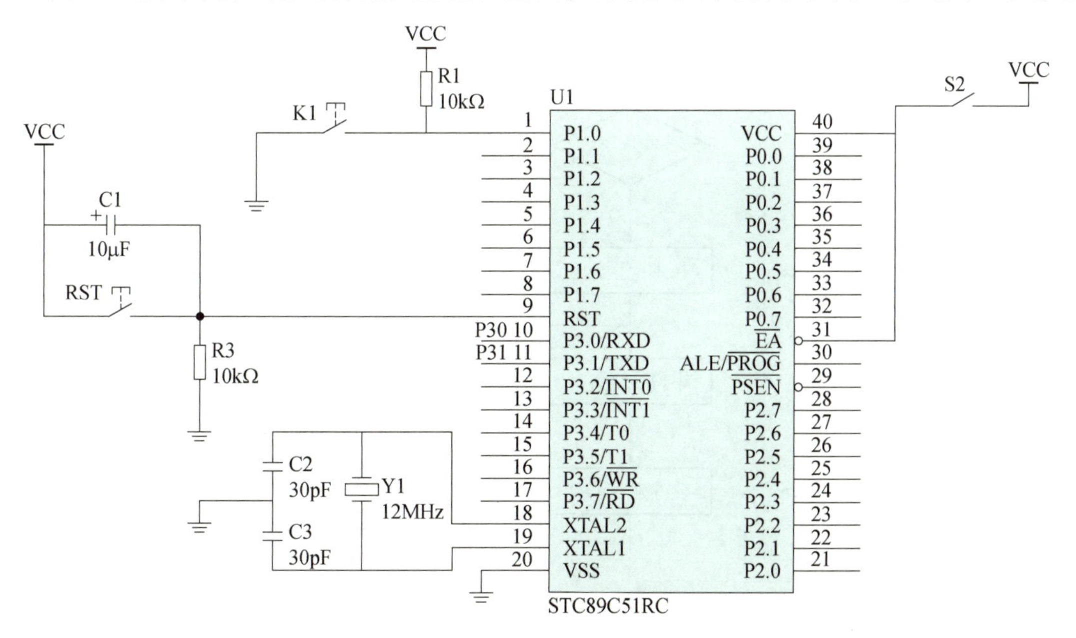

图 9-1　产品计数器电路原理图

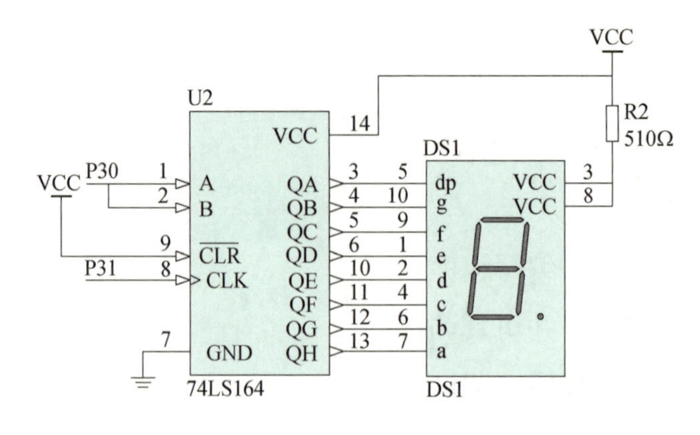

图 9-1　产品计数器电路原理图（续）

74LS164 驱动一位数码管进行静态显示，将单片机的引脚 P3.0（RXD）与 74LS164 的 1、2 引脚（A 和 B 端）相连接，作为 74LS164 串行数据的输入端，将单片机的引脚 P3.1（TXD）与 74LS164 的引脚 8（时钟输入端 CLK）相连接，作为 74LS164 的时钟输入端；将 74LS164 的引脚 9（清零端 CLR）接高电平，禁止清零。按键 K1 连接 P1.0，模拟产品增加。

活动二：绘制程序流程图（见图 9-2 和图 9-3）

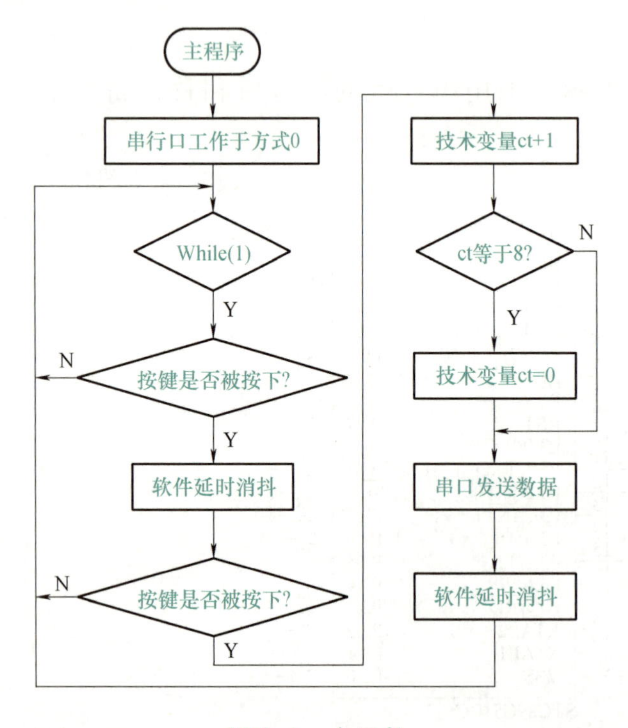

图 9-2　主函数

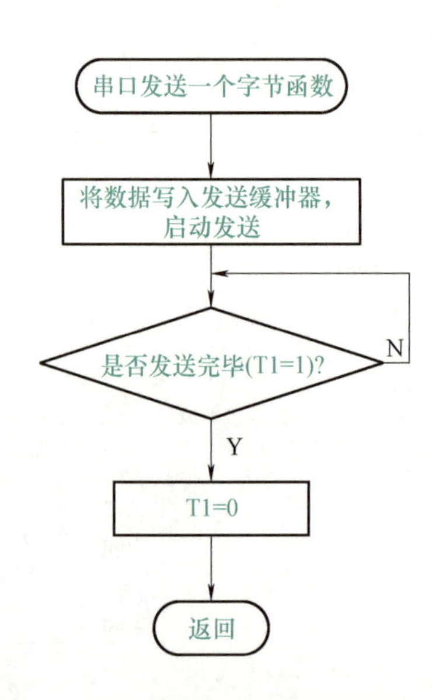

图 9-3　串口发送一个字节函数流程图

活动三：编程

```
//利用串口方式 0 静态显示的产品计数器
#include <reg51.h>              //包含 51 单片机寄存器定义的头文件
#include <intrins.h>            //包含函数_nop_()定义的头文件
#define uchar unsigned char
#define uint unsigned int
uchar code Tab[10] = {0xc0,0xf9,0xa4,0xb0,0x99,0x92,0x82,0xf8,0x80,
0x90};                          //共阳极
sbit KEY = P1^0;
uchar ct = 0;
/* 函数功能:延时函数 */
void delay(uint k)
{
  uint i,j;
  for(i = 0;i < k;i ++)
  {
    for(j = 0;j <125;j ++)
    {;}
  }
}
/* 函数功能:发送一个字节的数据 */
void Send(unsigned char dat)
{
  SBUF = dat;                   //将数据写入串口发送缓存器,启动数据发送
  while(TI == 0)                //若数据没有发送完毕,则等待
    {;}
  TI = 0;                       //数据发送完毕,TI 被置"1",需将其清 0
}
/* 函数功能:主函数 */
void main(void)
{
    SCON = 0x00;                //SCON = 0000 0000B,使串行口工作于方式 0
    while(1)
    {
      if(KEY == 0)
          {
              delay(10);        //按键消抖
              if(KEY == 0)
          {
              while(KEY == 0);
              ct ++;
              if(ct == 8)
```

```
            {
                ct=0;
            }
            Send(Tab[ct]);   //发送数据
        }
      }
   }
}
```

活动四：绘制仿真电路图

图 9-4 为产品计数器仿真电路图。

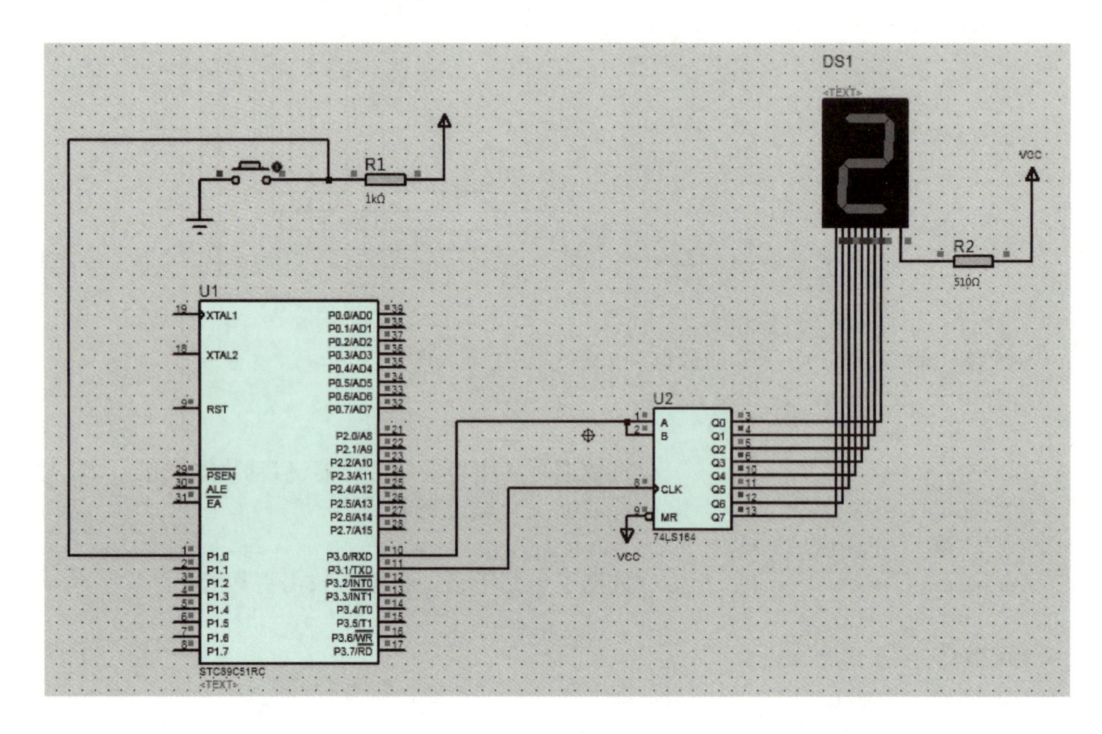

图 9-4 产品计数器仿真电路（串口方式 0 静态显示）

活动五：软件仿真，调试程序

由读者自行完成软件仿真，并进行调试程序的任务。

活动六：焊接电路

本电路所需元器件见表 9-1。

表 9-1　串行口控制器电路元器件清单

序　号	元器件名称	元器件标号	规格及标称值	数　量
1	电解电容	C1	10μF	1 个
2	瓷片电容	C2、C3	30pF	2 个
3	电阻	R1、R3	10kΩ	2 个
4	电阻	R2	510Ω	1 个
5	移位寄存器	U2	74LS164	1 个
6	数码管	DS1	一位共阳极，0.5 英寸	1 个
7	微动开关	K1、RST	6mm×6mm	2 个
8	自锁开关	S2	8mm×8mm	1 个
9	单片机	U1	STC89C51RC	1 个
10	晶振	Y1	12MHz	1 个
11	移位寄存器插座		PIP14	1 个
12	单片机插座		DIP40	1 个
13	单孔万能实验板		90mm×70mm	1 块

活动七：下载程序，验证功能

由读者自行将程序下载到单片机中并验证其实际功能。

一、并行通信和串行通信

1. 并行通信

并行通信是指构成信息的各位二进制字符同时并行传送的通信方法。其优点是传送速度快，缺点是数据有几位，就需要几根传输线，仅适合于近距离通信传输，其示意图如图 9-5 所示。

2. 串行通信

串行通信是指构成信息的各位二进制字符按顺序逐位传送的通信方式。其优点是只需一对传输线（如电话线），占用硬件资源少，从而降低了传输成本，特别适用于远距离通信，缺点是传送速度较慢，其示意图如图 9-6 所示。

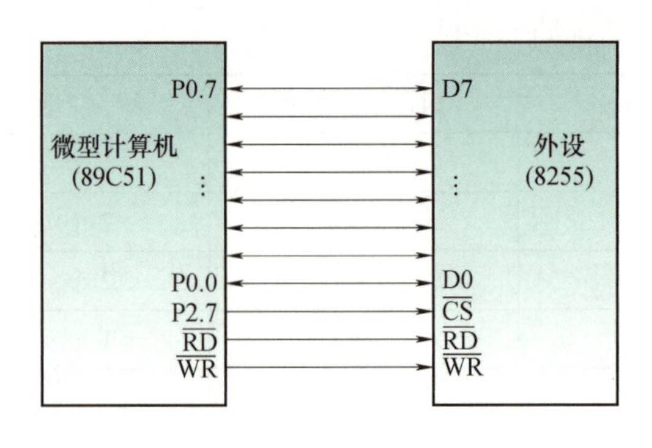

图 9-5　并行通信示意图

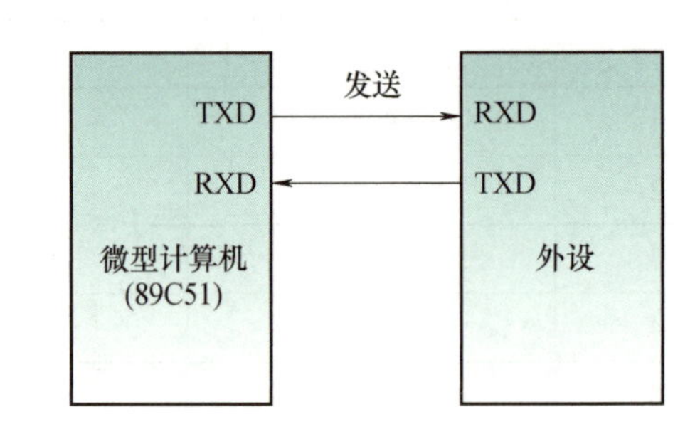

图 9-6　串行通信示意图

二、波特率

在串行通信中，发送设备和接收设备之间发送数据的速度和接收数据的速度也必须相同，这样才能保证被传送的数据成功传送。

波特率是传输数据的速率，即每秒传输二进制数据的位数，单位为 bit/s。波特率是串行通信的重要指标，通信双方必须具有相同的波特率，否则无法成功完成串行数据通信传输。

三、51 系列单片机串行口的内部结构

51 系列单片机串行口的内部结构如图 9-7 所示。它有两个独立的接收、发送缓存器 SBUF，可同时发送和接收数据，发送缓存器只能写入不能读出，接收缓存器只能读出不能写入，两个缓存器共用一个地址。串口控制寄存器 SCON 用于控制串行口的工作方式，表示串行口的工作状态。

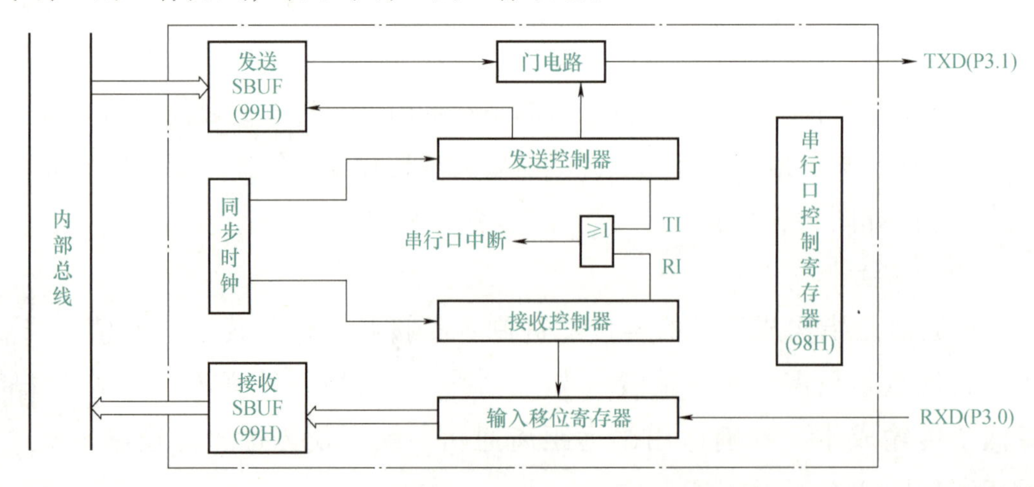

图 9-7　51 系列单片机串行口内部结构图

1. 串行口控制寄存器 SCON

串行口控制寄存器 SCON 用于设置串行口的工作方式、监视串行口工作状态、发送与接收的状态控制等。其功能见表 9-2。

表 9-2　串行口控制寄存器 SCON 的格式

D7	D6	D5	D4	D3	D2	D1	D0
SM0	SM1	SM2	REN	TB8	RB8	TI	RI
串行口工作方式的选择位		多机通信控制位	允许接收位	发送数据第 9 位	接收数据第 9 位	发送中断标志位	接收中断标志位

2. 特殊功能寄存器 PCON

特殊功能寄存器 PCON 的格式见表 9-3，PCON 的 D7 位与串行口通信波特率有关。

表 9-3　特殊功能寄存器 PCON 的格式

D7	D6	D5	D4	D3	D2	D1	D0
SMOD	—	—	—	—	—	PD	IDL
波特率选择位							

SMOD：波特率选择位。

例如：方式 1 的波特率的计算公式为

$$\text{方式 1 波特率} = \frac{2^{SMOD}}{32} \times \text{定时器 TI 的溢出率}$$

由上式可见，当 SMOD = 1 时的波特率加倍，所以也称 SMOD 位为波特率倍增位。

四、串行口的工作方式设置

串行口工作方式

串行口工作方式选择位，可构成 4 种工作方式，见表 9-4。

表 9-4　串行口工作方式选择

SM0　SM1	工作方式	功能说明	波特率
0　　0	方式 0	同步移位寄存器方式（用于扩展 I/O 口）	*f*/12
0　　1	方式 1	10 位异步收/发数据	可变
1　　0	方式 2	11 位异步收/发数据	*f*/64 或 *f*/32
1　　1	方式 3	11 位异步收/发数据	可变

五、串行口的工作方式0的应用

在方式0下，串行口作为同步移位寄存器使用。其波特率固定为单片机振荡频率f的1/12，串行传送数据8位为一帧。由RXD（P3.0）端输出或输入数据，数据低位在前，高位在后。TXD（P3.1）端输出同步移位脉冲，可以作为外部扩展的移位寄存器的移位时钟，因而串行口方式0常用于扩展外部并行I/O端口。这种方式不适用于两个单片机之间的串行通信。

使用方式0发送数据时，外部需要扩展一片（或几片）串入并行的移位寄存器，如图9-8所示。发送过程中，当CPU执行一条将数据写入发送缓存器SBUF的指令时，产生一个正脉冲，串行口开始即把SBUF中的8位数据以f/12的固定波特率从引脚RXD（P3.0）串行输出，低位在先，引脚TXD输出同步移位脉冲，发送完8位数据后置“1”中断标志位TI。

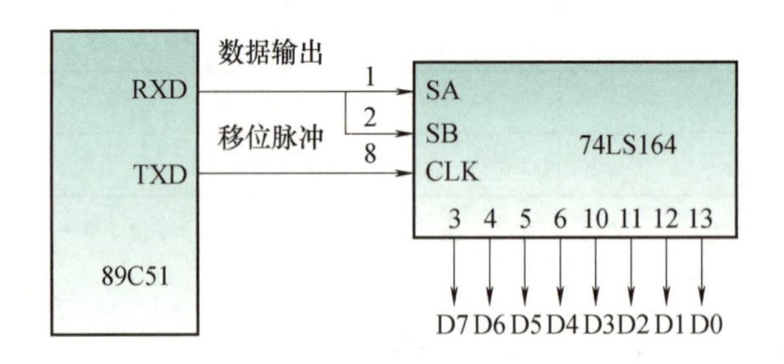

图9-8　方式0扩展并行输出口

在方式0下，SCON中的TB8、RB8位没用，发送或接收完8位数据后由硬件置“1”中断标志位TI或RI，CPU响应TI或RI中断。TI或RI标志位必须由用户软件清“0”，可采用如下指令清“0”TI或RI。

```
TI =0;//TI 位清 0
RI =0;//RI 位清 0
```

方式0时，SM2位（多机通信控制位）必须为“0”。

任务拓展

制作一个四输入抢答器，数码管显示抢答成功的组号。要求：绘制仿真电路图和程序流程图，编写程序，并进行仿真调试。

任务二　制作双机串口通信控制器

任务描述

用两片单片机制作双机串口通信控制器，实现双机通信控制功能。

在甲乙两片单片机之间完成串口通信控制任务，用甲单片机的按键控制乙单片机的 LED 发光二极管的亮灭（即按下甲单片机的按钮时，乙单片机的发光二极管被点亮）。

学习目标

1. 知识目标

1）掌握串口方式 1 的使用方法；

2）掌握串口波特率的计算方法。

2. 技能目标

掌握使用串口方式 1 编程实现双机通信控制功能的方法。

任务分析

在 6 个学时内完成如下工作任务：

1）识读电路图；

2）绘制程序流程图，编写程序；

3）绘制仿真电路图，并仿真调试；

4）焊接电路，下载程序，测试功能。

设备、仪器仪表及材料准备

计算机（含相关软件）1 台，USB 转 TTL 单片机下载器 1 个，30W 电烙铁 1 把，数字（或模拟）万用表 1 块，尖嘴钳、斜口钳、裁纸刀各 1 把，细导线、焊锡和松香若干。任务所需元器件见表 9-5。

活动一：识读电路图

在甲单片机的 P1.0 口接 1 个按键 S1，乙单片机的 P1.0 口接 1 个发光二极管 LED1，双机串口通信控制器电路如图 9-9 所示。

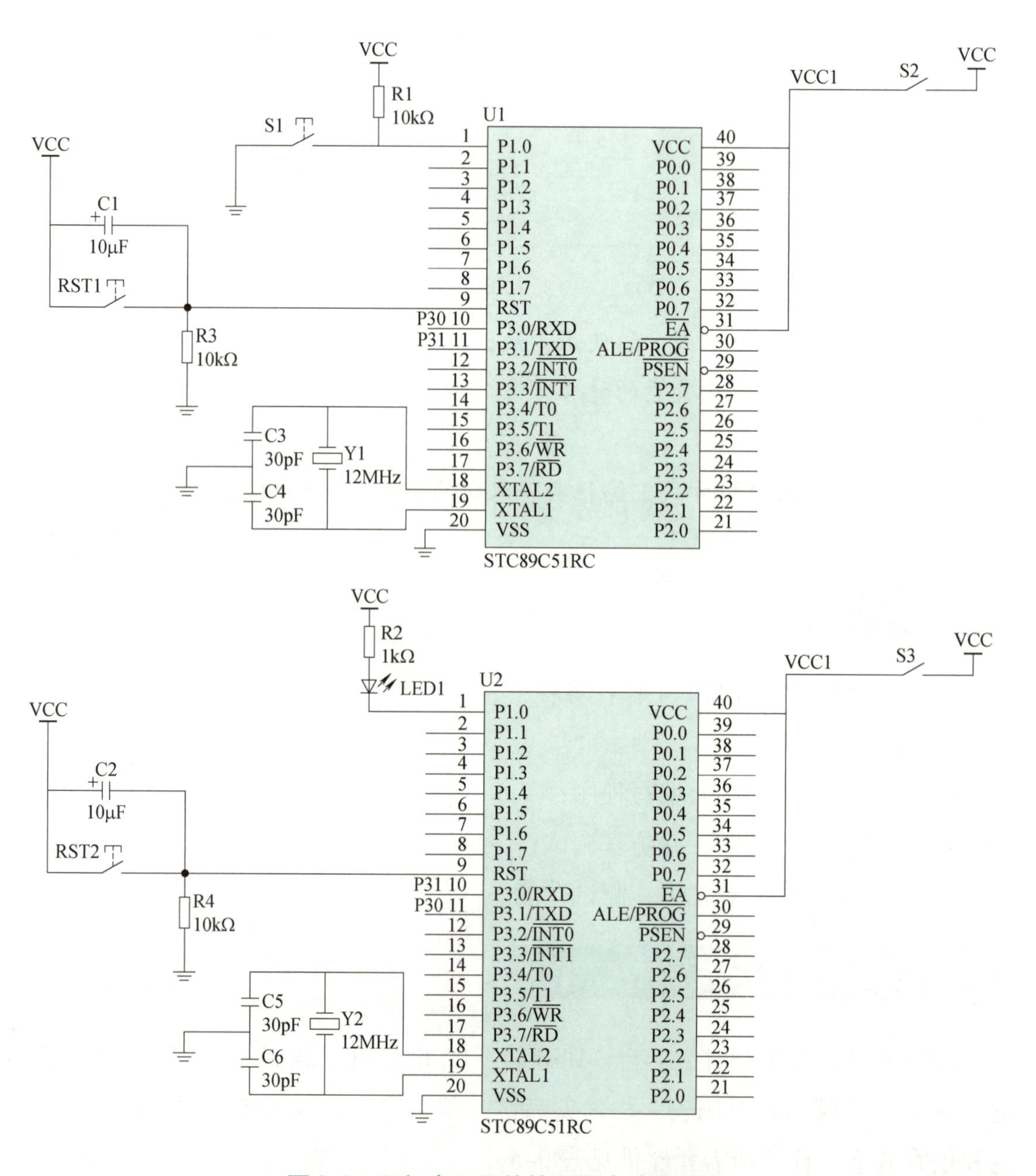

图 9-9　双机串口通信控制器电路原理图

活动二：绘制程序流程图（见图 9-10 和图 9-11）

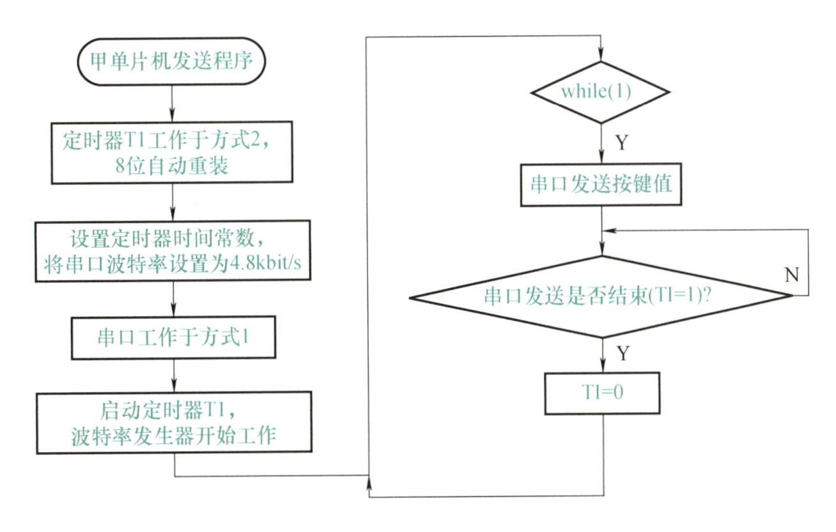

图 9-10 甲单片机发送程序流程图

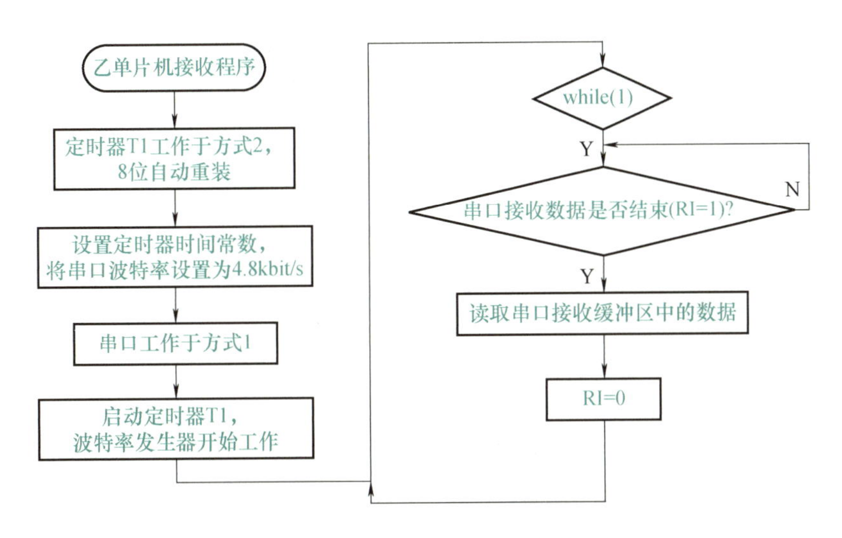

图 9-11 乙单片机接收程序流程图

活动三：编程（根据上述程序流程图，将下面的程序补充完整）

```
//甲单片机发送程序
#include "reg51.h"
#define uchar unsigned char
sbit SW = P1^0;
void main()
{
```

```
    TMOD = 0x20;            //定时器 T1 工作于方式 2,8 位自动重装
    TH1 = 0xfa;
    TL1 = 0xfa;             //波特率设置为 4.8kbit/s
    SCON = 0x50;            //工作于串口方式 1
    PCON = 0x00;            //SMOD = 0
    TR1 = 1;                //启动定时器 T1,波特率发生器开始工作
    while(1)
    {
        SBUF = P1;          //发送按键值
        while(! TI);        //等待串口发送数据结束
        TI = 0;             //TI 清零
    }
}
//乙单片机接收程序
#include "reg51.h"
#define uchar unsigned char
sbit LED = P1^0;
void main()
{
    TMOD = 0x20;            //定时器 T1 工作于方式 2,8 位自动重装
    TH1 = 0xfa;
    TL1 = 0xfa;             //波特率设置为 4.8kbit/s
    SCON = 0x50;            //工作于串口方式 1
    PCON = 0x00;            //SMOD = 0
    TR1 = 1;                //启动定时器 T1,波特率发生器开始工作
    while(1)
    {
        while(! RI);        //等待串口接收数据结束
        P1 = SBUF;          //读取串口接收缓冲区中的数据
        RI = 0;             //将 RI 清零
    }

}
```

活动四：绘制仿真电路图（见图9-12），软件仿真，并进行调试程序

仿真图9-12省略了单机片最小系统电路。

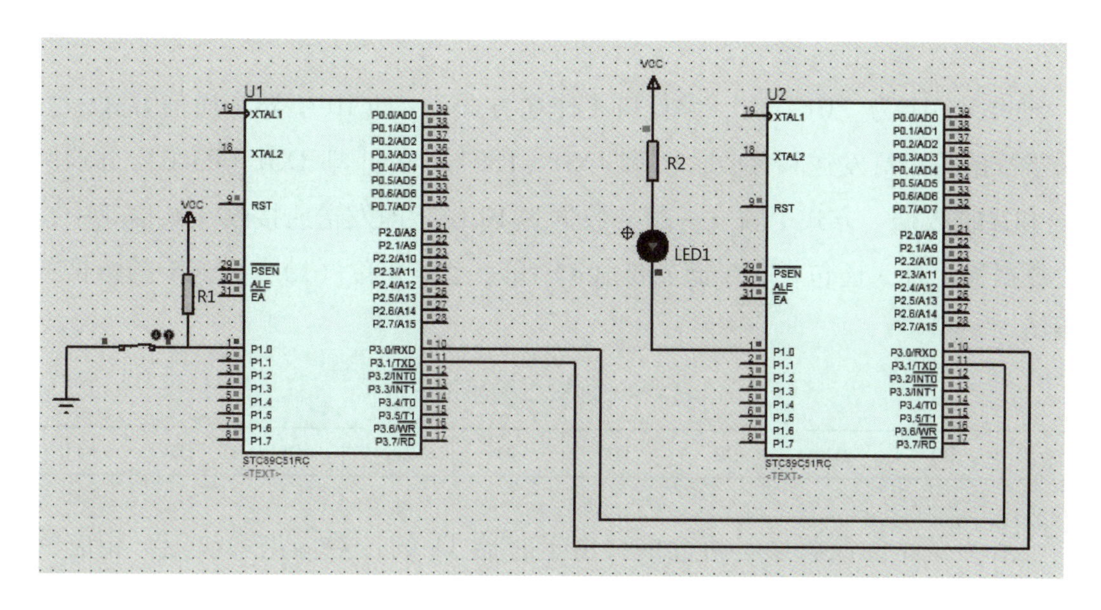

图9-12 双机串口通信控制器 Proteus 仿真电路图

活动五：焊接电路（元器件清单见表9-5），下载程序，验证功能

表9-5 双机串口通信控制器电路元器件清单

序 号	元器件名称	元器件标号	规格及标称值	数 量
1	电解电容	C1、C2	10μF	2个
2	瓷片电容	C3 ~ C6	30pF	4个
3	电阻	R1、R3、R4	10kΩ	3个
4	电阻	R2	1kΩ	1个
5	发光二极管	LED1	ϕ5mm	1个
6	微动开关	S1、RST1、RST2	6mm×6mm	3个
7	排针	P1、P2	单排2.54mm	8根
8	自锁开关	S2、S3	8mm×8mm	2个
9	单片机	U1、U2	STC89C51RC	2个
10	晶振	Y1、Y2	12MHz	2个
11	单片机插座		DIP40	2个
12	单孔万能实验板		90mm×70mm	2块

一、串口工作方式1

SM0、SM1为“01”时，串行口工作在方式1，即10位异步通信方式。方式1用于数据的串行发送和接收，引脚TXD（P3.1）和引脚RXD（P3.0）分别用于发送和接收数据。方式1收发一帧的数据为10位，即发送或接收一帧信息中，除8位数据移位外，还包含一个起始位（0）和一个停止位（1），方式1的帧格式见表9-6。

表9-6 方式1的帧格式

起始位	D0	D1	D2	D3	D4	D5	D6	D7	停止位

工作方式1的波特率是可变的，由定时器T1的计数溢出率决定。相应的公式为

$$\text{方式1波特率}=\frac{2^{\text{SMOD}}}{32}\times\text{定时器T1溢出率}$$

定时器T1的计数溢出率计算公式为

$$\text{定时器T1溢出率}=\frac{f}{12}\cdot\frac{1}{2^{K}-\text{T1初值}}$$

式中，K为定时器T1的位数，与定时器T1的工作方式有关（见第5章介绍），则波特率计算公式为

$$\text{波特率}=\frac{2^{\text{SMOD}}}{32}\ \frac{f}{12}\ \frac{1}{2^{K}-\text{T1初值}}$$

方式1输出数据时，数据位由TXD端输出，发送一帧信息的位数为10位：1位起始位“0”，8位数据位（先低位）和1位停止位“1”。当CPU执行一条数据写发送缓冲器SBUF的指令时，就启动发送数据。发送开始时，内部发送控制信号变为有效，将起始位向TXD端输出，此后，每经过一个TX时钟周期，便产生一个移位脉冲，并由TXD输出一个数据位。8位数据位全部发送完毕后，中断标志位TI置“1”。

方式1接收数据时（REN＝1；SM0＝1；SM1＝01），数据从引脚RXD（P3.0）输入。当一帧数据接收完毕以后，必须同时满足以下两个条件，这次接

收才真正有效。

1）RI=0，即上一帧数据接收完成时，RI=1 发出的中断请求已经被响应，SBUF 中的数据已经被取走，说明“接收 SBUF”已空。

2）SM2=0 或接收到的停止位=1（方式 1 时，停止位已经进入 RB8），即将接收到的数据装入 SBUF 和 RB8（停止位），且将中断标志位 RI 置“1”。

若这两个条件不同时满足，接收到的数据不能装入 SBUF，这意味着该帧数据将丢失。

二、波特率的设置

在串行通信中，收、发双方的发送或接收波特率必须一致。通过软件可对 51 系列单片机串行口设定 4 种工作方式。其中方式 0 和方式 2 的波特率是固定的；方式 1 和方式 3 的波特率是可变的，由定时器 T1 的溢出率来确定（定时器 T1 的溢出率就是 T1 每秒溢出的次数）。

1）串行口工作在方式 0 时，波特率固定为时钟频率 f 的 1/12，且不受 SMOD 位的影响。若 $f=12\text{MHz}$，波特率为 $f/12$ 即 1MHz。

2）串行口工作在方式 2 时，波特率与 SMOD 值有关。

$$\text{方式 2 波特率}=\frac{2^{\text{SMOD}}}{64}\times f$$

若 $f=12\text{MHz}$，SMOD=0 时，波特率=187.5kbit/s；SMOD=1 时，波特率=375kbit/s。

3）串行口工作在方式 1 时，常用定时器 T1 作为波特率发生器。T1 的溢出率和 SMOD 共同决定波特率，其关系式为

$$\text{波特率}=\frac{2^{\text{SMOD}}}{32}\times\text{定时器 T1 溢出率}$$

T1 的溢出率取决于 T1 的工作方式和初值。

在实际设定波特率时，T1 常设置为方式 2 定时（自动装初值），即 TL1 作为 8 位计数器，TH1 存放备用初值。这种方式不仅可使操作方便，也可避免因软件重装初值而带来的定时误差。

设定时器 T1（工作在方式 2）初值为 X，则有

$$\text{定时器 T1 溢出率}=\frac{\text{计数速率}}{256-\text{X}}=\frac{f/12}{256-X}$$

则有

$$波特率=\frac{2^{SMOD}}{32}\times\frac{f}{12(256-X)}$$

可见，这种方式波特率随f、SMOD 以及初值X而变化。

在实际使用时，经常根据已知波特率和时钟频率来计算定时器 T1 的初值X。为避免繁杂的初值计算，常用的波特率和初值X的关系见表 9-7。

表 9-7　用定时器 T1 产生的常用波特率

波特率/(kbit/s)	f/MHz	SMOD 位	定时器 T1		
			C/T	工作方式	初值
1000（串行口方式 0）	12MHz	×	×	×	×
500（串行口方式 0）	6MHz	×	×	×	×
375（串行口方式 2）	12MHz	1	×	×	×
187.5（串行口方式 2）	6MHz	1	×	×	×
62.5（串行口方式 1 或 3）	12MHz	1	0	2	FFH
19.2	11.0592MHz	1	0	2	FDH
9.6	11.0592MHz	0	0	2	FDH
4.8	11.0592MHz	0	0	2	FAH
2.4	11.0592MHz	0	0	2	F4H
1.2	11.0592MHz	0	0	2	E8H
0.1375	11.0592MHz	0	0	2	1DH
0.110	12MHz	0	0	1	FEEBH
19.2	6MHz	1	0	2	FEH
9.6	6MHz	1	0	2	FDH
4.8	6MHz	0	0	2	FDH
2.4	6MHz	0	0	2	FAH
1.2	6MHz	0	0	2	F4H
0.6	6MHz	0	0	2	E8H
0.11	6MHz	0	0	2	72H
0.055	6MHz	0	0	1	FEEBH

任务分析

若 51 单片机的时钟振荡频率为 11.0592 MHz，选用定时器 T1 为方式 2 定时作为波特率发生器，波特率为 2400bit/s，求初值。

设定时器 T1 为方式 2 定时，SMOD = 0，则有

$$波特率 = \frac{2^{SMOD}}{32} \times \frac{f}{12(256 - X)} = 2400$$

解得：X = 244 = F4H，只要把 F4H 装入 TH1 和 TL1，则 T1 发生的波特率为 2400bit/s。这个结果从表 9-7 中可以直接查到。

这里时钟振荡频率选为 11.0592MHz，就可以使初值为整数，从而产生精确的波特率。

任务拓展

制作一个远程报警器，当有人靠近时，系统自动报警。

项目小结

本项目从串口控制产品计数器任务入手，介绍了单片机串行口的相关知识，通过任务一和任务二学习了单片机串行口应用方法。

本项目重点内容如下：

1）并行通信是指构成信息的各位二进制字符同时并行传送的通信方法。串行通信是指构成信息的各位二进制字符按顺序逐位传送的通信方式。

2）波特率是传输数据的速率，即每秒传输二进制数据的位数，单位为 bit/s。波特率是串行通信的重要指标。

3）51 系列单片机串行口有两个独立的接收、发送缓冲器 SBUF，可同时发送和接收数据，发送缓冲器只能写入不能读出，接收缓冲器只能读出不能写入，两个缓冲器共用一个地址。

4）串行口工作方式选择位，可构成 4 种工作方式：方式 0、方式 1、方式 2 和方式 3。

5）在方式 0 下，串行口作为同步移位寄存器使用。其波特率固定为单片机振荡频率 f 的 1/12，串行传送数据 8 位为一帧。

6）方式 1 用于数据的串行发送和接收，引脚 TXD（P3.1）和引脚 RXD（P3.0）分别用于发送和接收数据。

7）在串行通信中，收、发双方的发送或接收波特率必须一致。通过软件可对 51 系列单片机串行口设定 4 种工作方式。其中方式 0 和方式 2 的波特率是固定

的；方式1和方式3的波特率是可变的，由定时器T1的溢出率来确定。

评价分析

完成项目评价反馈表，见表9-8。

表9-8　项目评价反馈表

评价内容	分值	自我评价	小组评价	教师评价	综合	备注
产品计数器	50分					
串口通信控制器	50分					
合计	100分					
取得成功之处						
有待改进之处						
经验教训						

项目习题

一、填空题

1. 构成信息的各位二进制字符按顺序逐位传送的通信方式是________。

2. ________是传输数据的速率，即每秒传输二进制数据的位数，单位为________。

3. 在方式0下，串行口是作为________使用的。其波特率固定为单片机振荡频率的________。

4. SM0、SM1为________时，串行口工作在方式1，即________方式。

二、选择题

1. 51系列单片机串行口发送/接收中断源的工作过程是当串行口接收或发送完一帧数据时，将SCON中的（　　），向CPU申请中断。

A. RI或TI置1　　　　B. RI或TT置0

C. RI置1或TI置0　　　　D. RI置0或TT置1

2. 以下关于SBUF说法错误的是（　　）。

A. 它叫作接收、发送缓冲器

B. 它可同时发送和接收数据

C. 它是两个缓冲器共用一个地址

D. 它是一个缓冲器分为接收、发送使用

3. 设置单片机串行口工作方式的 SM0、SM1 选择位是（　　）寄存器的一部分。

A. SCON　　B. TCON　　C. PCON　　D. DCON

4. 波特率选择位 SMOD 是 PCON 的（　　）位。

A. 0　　B. 1　　C. 6　　D. 7

5. 串行口工作（　　）是波特率可调的 11 位异步通信方式。

A. 方式 0　　B. 方式 1　　C. 方式 2　　D. 方式 3

三、简答题

1. 并行通信与串行通信的区别是什么？

2. 串行通信的重要指标是什么？如何进行设置？

3. 串行口 4 种工作方式的功能区别是什么？

项目十 “叮咚”门铃

项目描述

项目十

用单片机和音频放大器 LM386 制作一个“叮咚”门铃，控制扬声器发出“叮咚”声。

学习目标

1. 知识目标

熟练掌握定时器的使用方法。

2. 技能目标

1）能够熟练编写定时器初始化程序；

2）能够熟练编写定时器中断服务子程序。

项目分析

在 6 个学时内，完成如下工作：

1）识读电路原理图，掌握每个元器件的作用；

2）编写程序流程图，编程；

3）绘制仿真电路图，仿真、调试程序；

4）焊接电路，下载程序，测试功能。

设备、仪器仪表及材料准备

计算机（含相关软件）1 台，USB 转 TTL 单片机下载器 1 个，30W 电烙铁 1 把、数字（或模拟）万用表 1 块，嘴钳、斜口钳、裁纸刀各 1 把，细导线、焊锡和松香若干。任务所需元器件见表 10-1。

项目实施

活动一：识读电路图

按下按钮 SP1 后，单片机 STC89C51RC 通过编程产生特定频率的方波信号，该信号由 P1.0 端口输出到音频功率放大器 LM386，经 LM386 放大之后送扬声器发声，如图 10-1 所示。

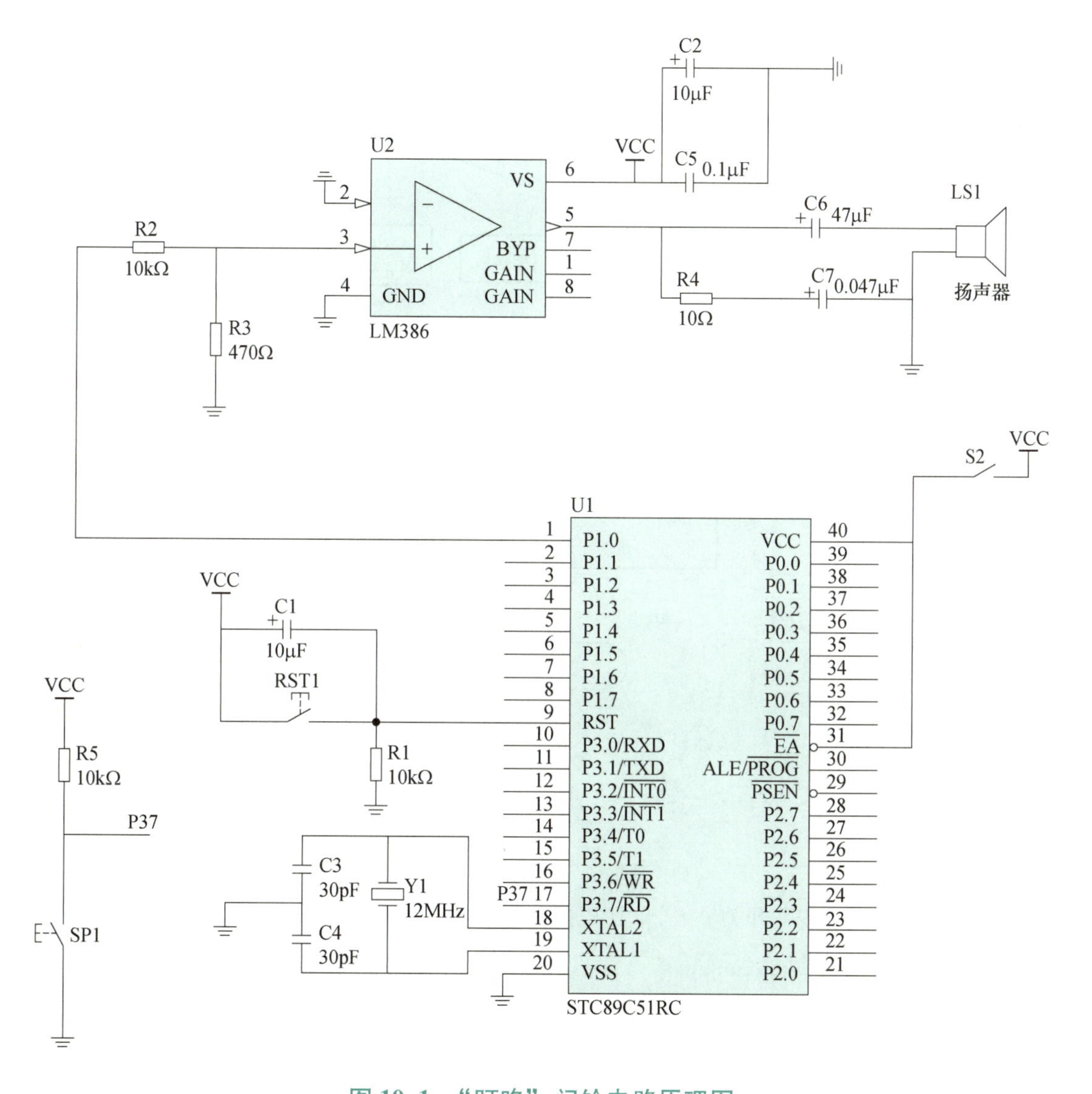

图 10-1 “叮咚”门铃电路原理图

活动二：绘制程序流程图（见图 10-2、10-3）

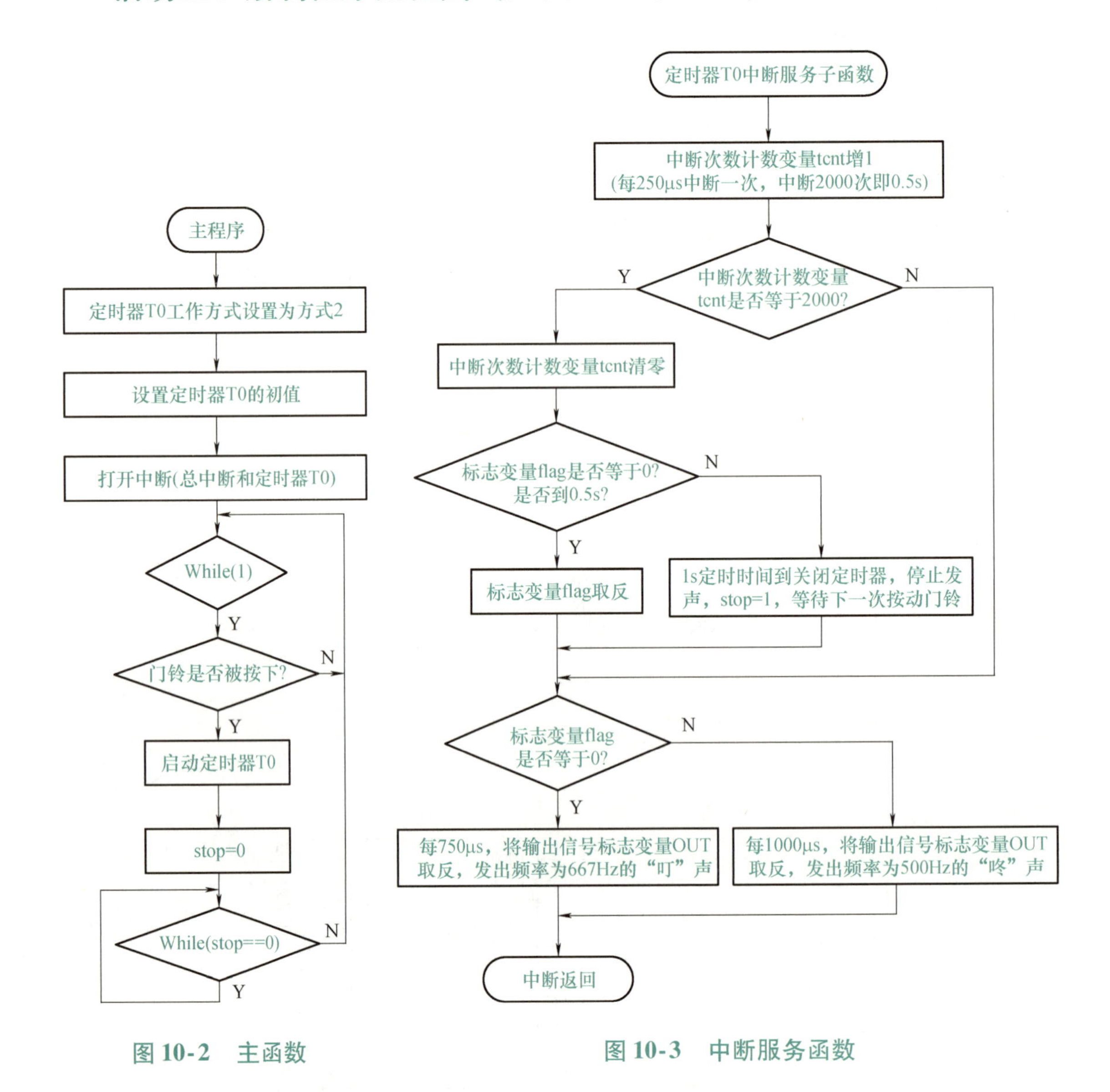

图 10-2　主函数

图 10-3　中断服务函数

活动三：编程

```
//叮咚门铃程序:按下开关 SP1,单片机控制扬声器产生“叮咚”声
#include <reg51.H>
#define uchar unsigned char
#define uint unsigned int
uchar t500hz;
uchar t667hz;
uint tcnt;
```

```
bit stop;
bit flag;
sbit SP1 = P3^7;
sbit OUT = P1^0;
void main(void)
{
  uchar i,j;
  TMOD = 0x02;                      //方式2,定时器方式
  TH0 = 0x06;                       //定时时间为256μs - 6μs = 250μs
  TL0 = 0x06;
  ET0 = 1;
  EA = 1;
  while(1)
    {
      if(SP1 == 0)
        {
          for(i = 10;i > 0;i --)    //延时消抖
          {  for(j = 248;j > 0;j --);
          {
            if(SP1 == 0)
            {
              t500hz = 0;
              t667hz = 0;
              tcnt = 0;
              flag = 0;
              stop = 0;
              TR0 = 1;              //启动定时器T0
              while(stop == 0);     //等待进入定时器中断函数,直到“叮咚”声结束
            }
        }
    }
}
void t0(void) interrupt 1 using 0
{
  tcnt ++;
  if(tcnt == 2000)                  //250μs * 2000 = 500ms = 0.5s
    {
      tcnt = 0;
      if(flag == 0)                 //0.5s 定时时间到后,将 flag 取反,准备发出
                                      “咚”声
        {
          flag = ~ flag;
        }
      else
        {
```

```
            stop =1;    //1s 定时时间到后,关闭定时器,停止发声
            TR0 =0;
        }
    }
  if(flag ==0)
    {
      t667hz ++;
      if(t667hz ==3)
        {
          t667hz =0;    //每 750μs,将输出 OUT 取反,发出频率为 667Hz 的"叮"声
          OUT = ~OUT;
        }
    }
    else
    {
        t500hz ++;
        if(t500hz ==4)
          {
            t500hz =0; //每 1000μs,将输出 OUT 取反,发出频率为 500Hz 的"咚"声
            OUT = ~OUT;
        }
    }
}
```

活动四：绘制仿真电路图（见图 10-4），软件仿真，调试程序

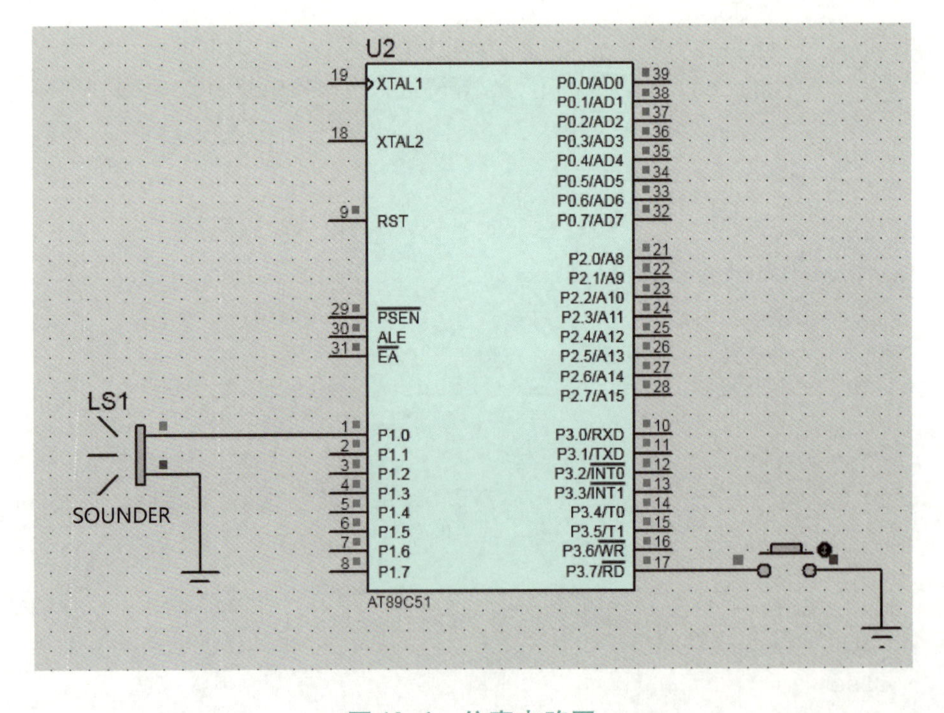

图 10-4　仿真电路图

活动五：焊接电路，下载程序，验证功能

本电路所需元器件清单见表 10-1。

表 10-1 “叮咚”门铃电路元器件清单

序　号	元器件名称	元器件标号	规格及标称值	数　量
1	电解电容	C1、C2	10μF	2 个
2	电解电容	C6	47μF	1 个
3	瓷片电容	C3、C4	30pF	2 个
4	瓷片电容	C7	0.047μF	1 个
5	瓷片电容	C5	0.1μF	1 个
6	电阻	R1、R2、R5	10kΩ	3 个
7	电阻	R4	10Ω	1 个
8	电阻	R3	470Ω	1 个
9	集成运放	U2	LM386	1 个
10	扬声器	LS1	8Ω	1 个
11	微动开关	RST1、SP1	6mm×6mm	2 个
12	自锁开关	S2	8mm×8mm	1 个
13	单片机	U1	STC89C51RC	1 个
14	晶振	Y1	12MHz	1 个
15	集成运放插座		DIP8	1 个
16	单片机插座		DIP40	1 个
17	单孔万能实验板		90mm×70mm	1 块

“叮咚”门铃电路实物图如图 10-5 所示。

图 10-5 “叮咚”门铃电路实物图

知识链接

“叮”和“咚”声音信号的频率分别为667Hz和500Hz，这里采用单片机定时器T0产生频率为667Hz和500Hz的方波，设定定时时间为250μs，即每250μs中断一次。因此，频率为667Hz（周期约为1500μs）的信号，高、低电平的持续时间为750μs，所以要经过3次250μs的中断定时，而500Hz（周期为1000μs）的信号，高、低电平的持续时间为1000μs，所以要经过4次250μs的中断定时。当按下SP1之后，启动T0开始工作，当T0工作完毕，回到最初状态。“叮”和“咚”声音各占用0.5s，定时器T0应完成0.5s定时，以250μs为基准定时，需要中断2000次。图10-6所示为667Hz与500Hz的“叮咚”声波形分析。

$T_1 = 1/f_1 = 1/667\text{Hz} = 0.0015\text{s} = 1.5\text{ms} = 1500\mu\text{s}$

$t_1 = T_1/2 = 1500\mu\text{s}/2 = 750\mu\text{s}$

$T_2 = 1/f_2 = 1/500\text{Hz} = 0.002\text{s} = 2\text{ms} = 2000\mu\text{s}$

$t_2 = T_2/2 = 2000\mu\text{s}/2 = 1000\mu\text{s}$

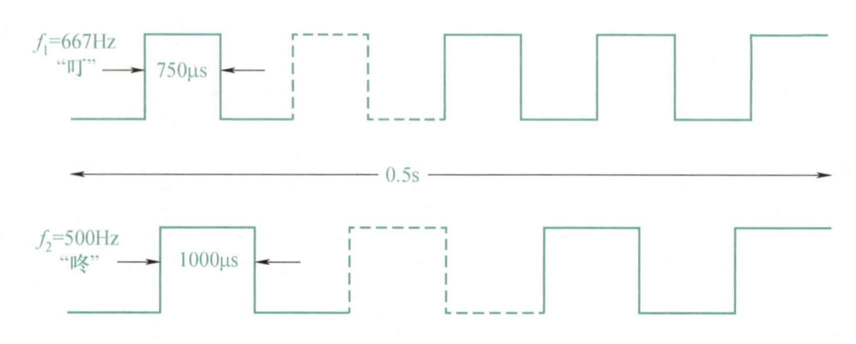

图10-6　667Hz与500Hz的“叮咚”声波形分析

项目拓展

1）要求：制作一个报警器，具体功能如下：P1.0输出1kHz和500Hz的音频信号驱动扬声器，作为报警信号，要求1kHz信号持续鸣响100ms，500Hz信号持续鸣响200ms，交替进行，P1.7连接一个开关进行控制，开关闭合报警信号开始鸣响，开关断开报警信号停止鸣响。

2）制作一台简易电子琴，具体功能如下：使用行列矩阵键盘设计一个简易电子琴，本项目设计的关键是让每个按键对应一个发出特定音调的功能。例如，按下按键 S4 时，扬声器能发出“低音 sao”的音调。

根据要求，绘制电路原理图、仿真电路图和程序流程图，用 KeilC51 编写 C51 源程序，并用 Proteus 进行仿真调试。

项目小结

本项目以“叮咚”门铃入手，借助定时器使单片机产生不同频率的方波，从而控制扬声器发出不同的声音，拓展了单片机定时器以及中断控制的应用方法。

评价分析

完成项目评价反馈表，见表 10-2。

表 10-2 项目评价反馈表

评价内容	分值	自我评价	小组评价	教师评价	综合	备注
识读电路图	10 分					
绘制程序流程图	20 分					
编程	20 分					
绘制仿真电路图，仿真调试	30 分					
焊接电路	10 分					
下载程序，测试功能	10 分					
合计	100 分					
取得成功之处						
有待改进之处						
经验教训						

项目十一 风扇调速器

项目描述

直流电动机的很多应用场合需要对它进行调速。直流电动机的调速方法有多种，目前较为适合单片机应用的是脉宽调制（PWM）方式。PWM 方式以改变脉冲占空比的方法来改变直流电动机的转速，由于这种方法高效节能，因而被广泛应用于电动自行车等的调速系统中。本项目采用 51 系列单片机以 PWM 方式控制直流电动机的转速，其主要应用背景：电动自行车、电动铲车、电动公交车等的调速系统。

本项目中设置 4 个按键，分别为“一档”、“二档”、“三档”和“停止”，对风扇的直流电动机进行三级调速，按“停止”键风扇停止转动。

学习目标

1. 知识目标

了解 PWM 的工作原理。

2. 技能目标

1）掌握使用 PWM 技术控制风扇转速的方法；

2）熟练掌握定时器编程方法。

项目分析

在 6 个学时内，完成如下工作任务：

1）识读电路图，绘制程序流程图，编程；

2）绘制仿真电路图，仿真调试程序；

3）焊接电路，下载程序，测试功能。

设备、仪器仪表及材料准备

计算机（含相关软件）1 台，USB 转 TTL 单片机下载器 1 个，30W 电烙铁 1 把，数字（或模拟）万用表 1 块，尖嘴钳、斜口钳、裁纸刀各 1 把，细导线、焊锡和松香若干。任务所需元器件见表 11-1。

项目实施

活动一：识读电路图

单片机输出 PWM 信号，用 PWM 信号控制晶体管通断，完成直流电动机调速。风扇调速电路图如图 11-1 所示，其中 VT1 和 VT2 组成达林顿电路，用以驱动电动机转动。

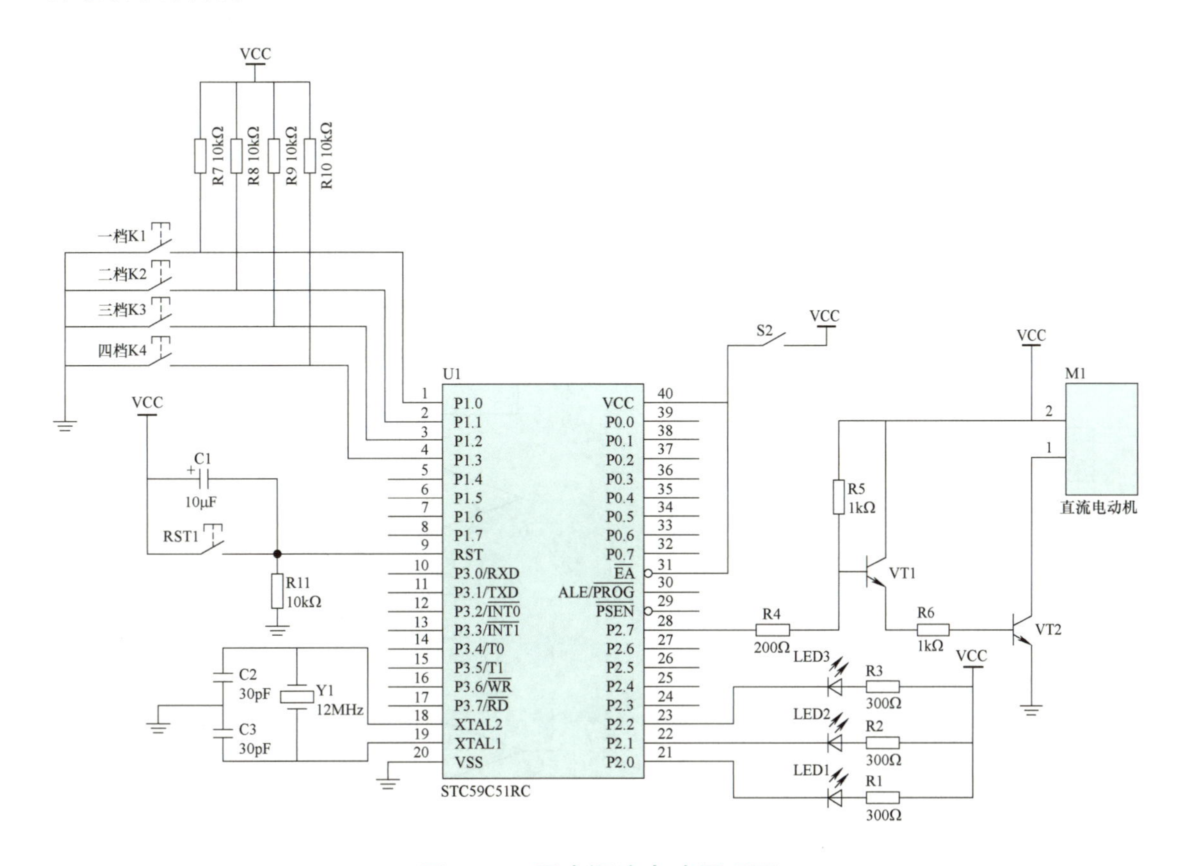

图 11-1　风扇调速电路原理图

活动二：绘制程序流程图（见图 11-2 ~ 图 11-4）

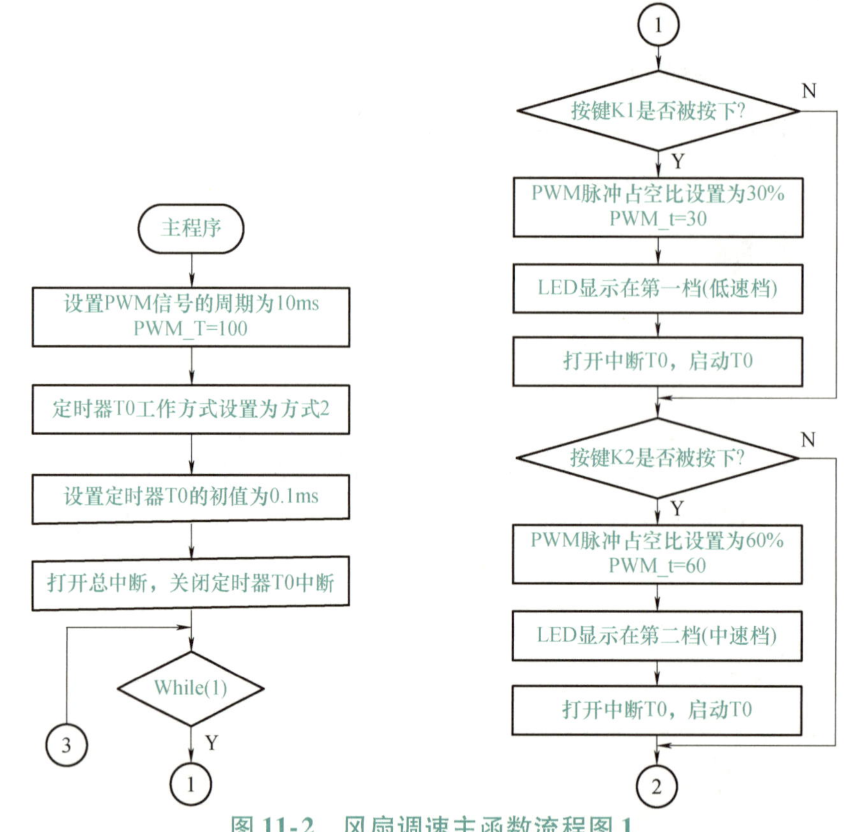

图 11-2　风扇调速主函数流程图 1

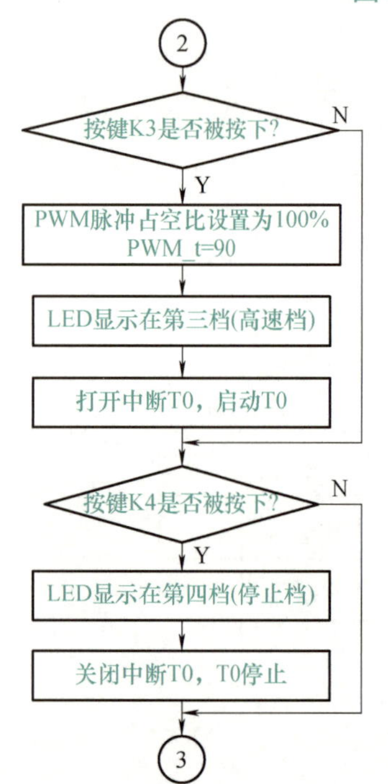

图 11-3　风扇调速主函数流程图 2

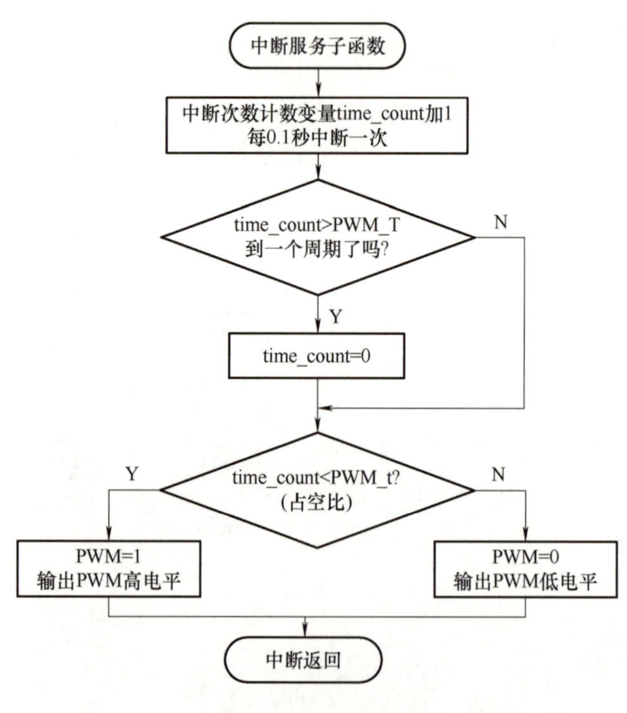

图 11-4　风扇调速中断服务子函数流程图

活动三：编程

```
//参考程序:风扇直流电动机 PWM 调速
#include <reg51.H>
#define uchar unsigned char
//-----------------------定义引脚------------------------
#define  PWM_T 100                        //定义 PWM 的周期 T 为 10ms
sbit LED1 = P2^0;
sbit LED2 = P2^1;
sbit LED3 = P2^2;
#define  STOP()     LED1 =1;LED2 =1;LED3 =1;PWM =0;
#define  SPEED1()   LED1 =0;LED2 =1;LED3 =1;
#define  SPEED2()   LED1 =1;LED2 =0;LED3 =1;
#define  SPEED3()   LED1 =1;LED2 =1;LED3 =0;

uchar PWM_t;                              //定义脉冲宽度

uchar PWM_count;                          //定义输出 PWM 周期计数变量
uchar time_count;                         //定义定时计数变量

sbit PWM = P2^7;                          //设置 PWM 波形输出

sbit K1 = P1^0;                           //设置一档
sbit K2 = P1^1;                           //设置二档
sbit K3 = P1^2;                           //设置三档
sbit K4 = P1^3;                           //设置停止
void main(void)
{
  PWM = 0;
  PWM_t = 0;
  TMOD = 0x02;                            //定时器 T0 设为工作方式 2(8 位自动重装)
  TH0 =156;                               //保证定时时长为 0.1ms
  TL0 =156;
  TR0 =0;
  ET0 =0;
  EA =1;
  while(1)
  {
       if(K1 ==0)
     {
        if(K1 ==0)                        //一档
        {
               PWM_t =30;
               SPEED1();
               ET0 =1;
```

```
                TR0 =1;
            }
        }
        else if(K2 ==0)
        {
            if(K2 ==0)                      //二档
            {
                PWM_t =60;
                SPEED2();
                ET0 =1;
                TR0 =1;
            }
        }
        else if(K3 ==0)
        {
            if(K3 ==0)                      //三档
            {
                PWM_t =90;
                SPEED3();
                ET0 =1;
                TR0 =1;
            }
        }
        else if(K4 ==0)
        {
            if(K4 ==0)                      //停止档
            {
                STOP();
                ET0 =0;
                TR0 =0;
            }
        }
    }
}
void t0(void) interrupt 1 using 0
{
    time_count ++;
    if(time_count >= PWM_T)        //超过一个 PWM 信号周期时,定时变量归零
    {
      time_count =0;
      PWM_count ++;                //PWM 周期计数变量自动加 1
    }
    if(time_count < PWM_t)
        {PWM =1;}                  //如果定时计数变量小于脉宽时间,则 PWM 输
                                     出高电平
    else
        {PWM =0;}                  //否则 PWM 输出低电平
}
```

活动四：绘制仿真电路（见图 11-5）

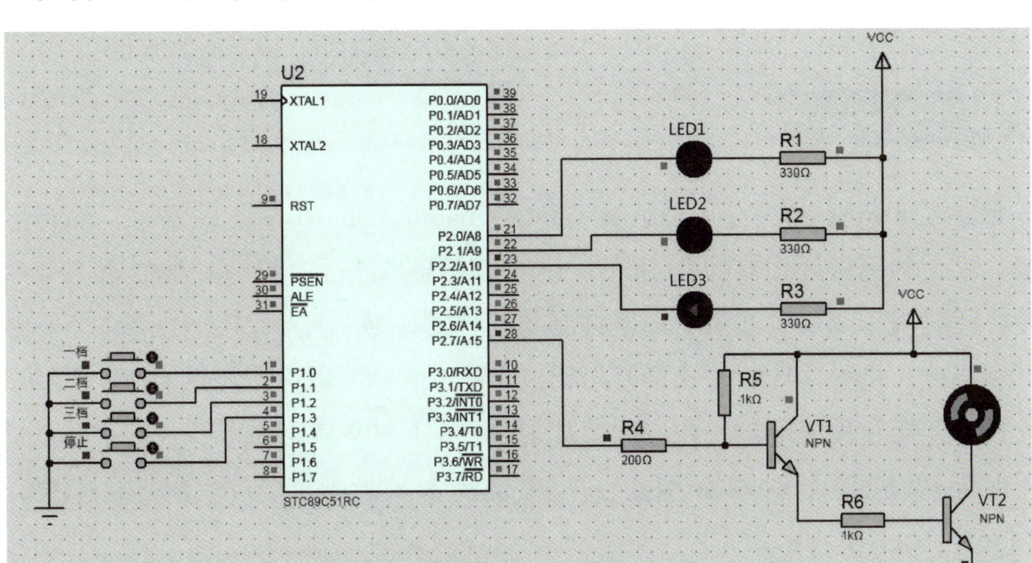

图 11-5　风扇直流电动机调速仿真电路图

活动五：软件仿真，调试程序

活动六：焊接电路

所需元器件见 11-1。

表 11-1　直流电动机调速电路元器件清单

序　　号	元器件名称	元器件标号	规格及标称值	数　　量
1	电解电容	C1	10μF	1 个
2	瓷片电容	C2、C3	30pF	2 个
3	晶体管	VT1、VT2	9013	2 个
4	电阻	R5、R6	1kΩ	2 个
5	电阻	R7 ~ R11	10kΩ	5 个
6	电阻	R1 ~ R3	300Ω	3 个
7	电阻	R4	200Ω	1 个
8	电动机	M1	直流 5V	1 个
9	微动开关	RST1、K1 ~ K4	6mm × 6mm	5 个
10	发光二极管	LED1 ~ LED3	ϕ5mm	3 个
11	自锁开关	S2	8mm × 8mm	1 个
12	单片机	U1	STC89C51RC	1 个
13	晶振	Y1	12MHz	1 个
14	单片机插座		DIP40	1 个
15	单孔万能实验板		90mm × 70mm	1 块

活动七：下载程序，验证功能

脉冲宽度调制（PWM）是英文“Pulse Width Modulation”的缩写，简称脉宽调制。它是利用微处理器的数字输出来对模拟电路进行控制的一种非常有效的技术，广泛应用于测量、通信、功率控制与变换等领域。

利用单片机程序控制方式调制可得到PWM信号，也可以用带有PWM端口的单片机，直接在程序中输入相应的参数得到所需的PWM信号。

保持PWM信号的周期不变，通过改变占空比来调节电动机的速度，如图11-6～图11-8所示。

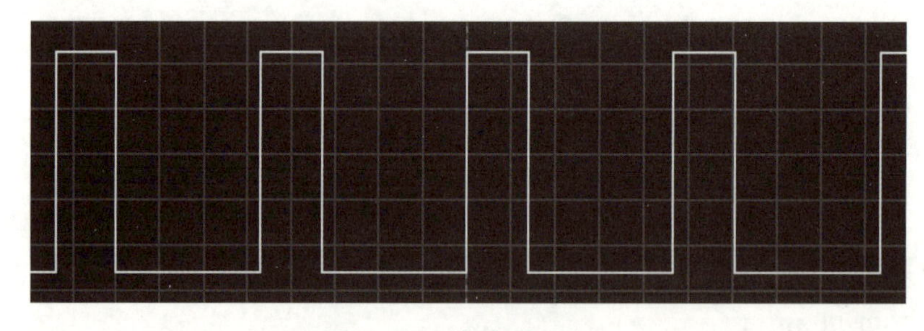

图11-6 占空比30%

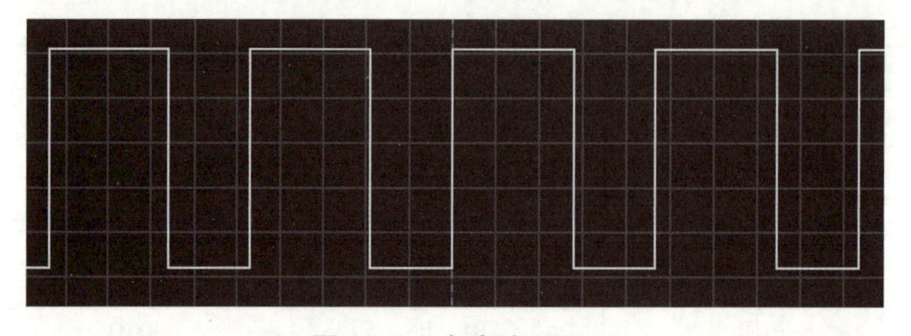

图11-7 占空比60%

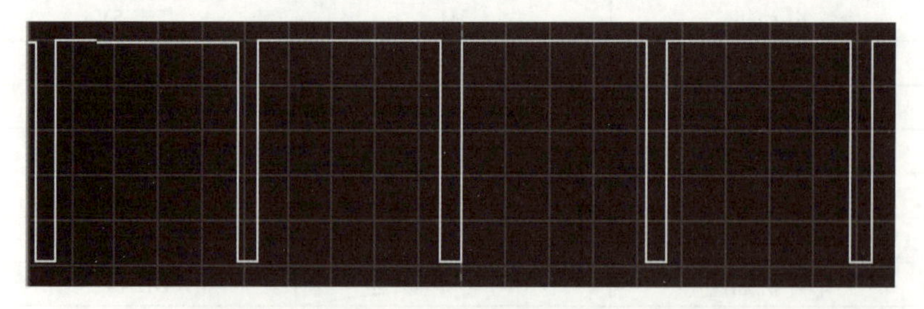

图11-8 占空比90%

项目拓展

功能要求：制作一个四级变速的流水彩灯。用4个按键控制8个彩灯流水速度。流水速度设置为4档：按下S1键，延时0.1s；按下S2键，延时0.2s；按下S3键，延时0.3s；按下S4键，延时0.4s。

根据要求，绘制仿真电路图和程序流程图，用KeilC51编写C51源程序，并用Proteus进行仿真调试。

项目小结

本项目通过单片机脉宽调制技术实现了电动机转速的调整控制，延伸了单片机定时器中断的应用。

评价分析

完成项目评价反馈表，见表11-2。

表11-2　项目评价反馈表

评价内容	分值	自我评价	小组评价	教师评价	综合	备注
识读电路图	10分					
绘制程序流程图	20分					
编程	20分					
绘制仿真电路图，仿真调试	30分					
焊接电路	10分					
下载程序，测试功能	10分					
合计	100分					
取得成功之处						
有待改进之处						
经验教训						

项目十二 数字电压表

项目描述

在单片机实时控制和智能仪表等应用系统中，控制或测量对象的有关信号，通常是一些连续变化的模拟信号，如温度、压力、流量、速度等。这些模拟信号必须转换成数字信号后才能输入到单片机中进行处理。本项目采用串行 A/D 转换芯片 ADC0832 采集 0～5V 连续变化的模拟电压，在四位数码管上显示出对应的电压值，0～5V 的模拟电压通过电位器来获得。

学习目标

1. 知识目标

1）了解 A/D 转换器的工作原理；

2）了解 ADC0832 的引脚功能和使用方法。

2. 技能目标

能使用 ADC0832 制作一个数字电压表。

项目分析

在 6 个学时内完成如下工作任务：

1）识读电路图，熟悉元器件的作用；

2）绘制程序流程图，编写程序；

3）绘制仿真电路图，仿真调试；

4）焊接电路，下载程序并验证功能。

设备、仪器仪表及材料准备

计算机（含相关软件）1 台，USB 转 TTL 单片机下载器 1 个，30W 电烙铁 1 把，数字（或模拟）万用表 1 块，尖嘴钳、斜口钳、裁纸刀各 1 把，细导线、焊锡和松香若干。任务所需元器件见表 12-1。

项目实施

活动一：识读电路图

从电位器 RP1 的中心抽头获取 0 ~ 5V 的直流模拟电压，送到 ADC0832 的模拟电压输入端（CH0），ADC0832 为串行 A/D 转换芯片，其时钟端接单片机 P3.0 端口，芯片转换得到的串行数字量由 ADC0832 的引脚 DO 输出，送到单片机 P3.1 端口处理。A/D 转换得到的数字电压值由四位数码管动态显示电路显示。四位数码管动态显示电路由 U2（74LS245）、U3（SN7406N）和四位一体数码管组成，如图 12-1 所示。

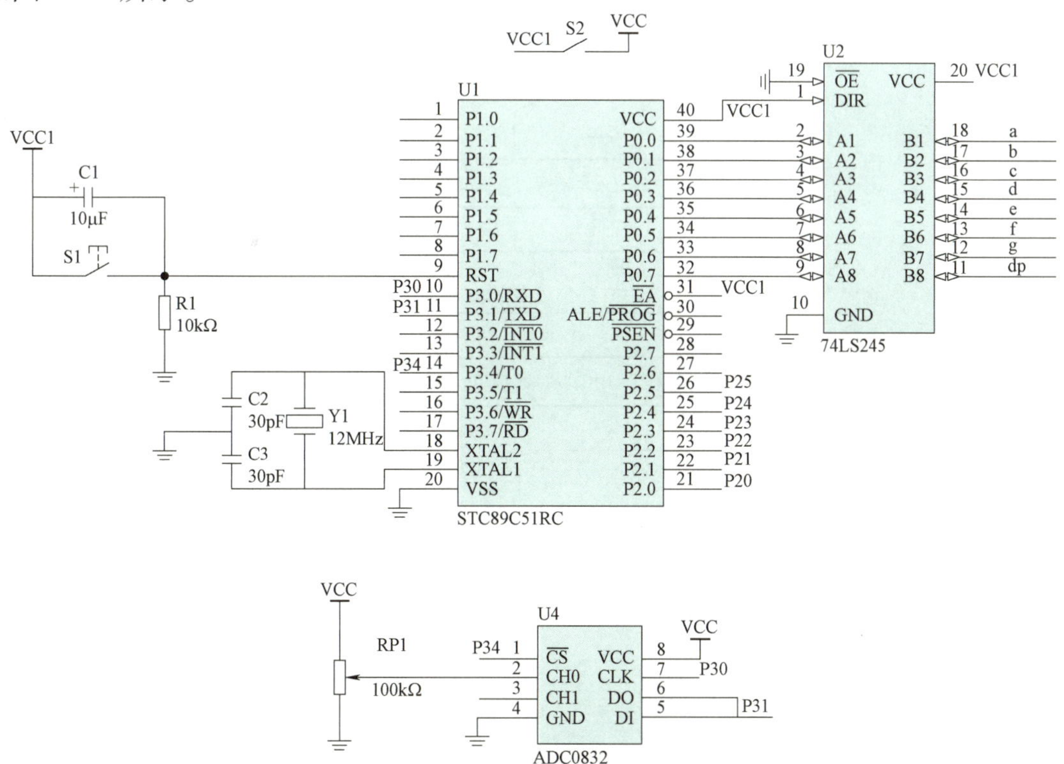

图 12-1　简易数字电压表电路图

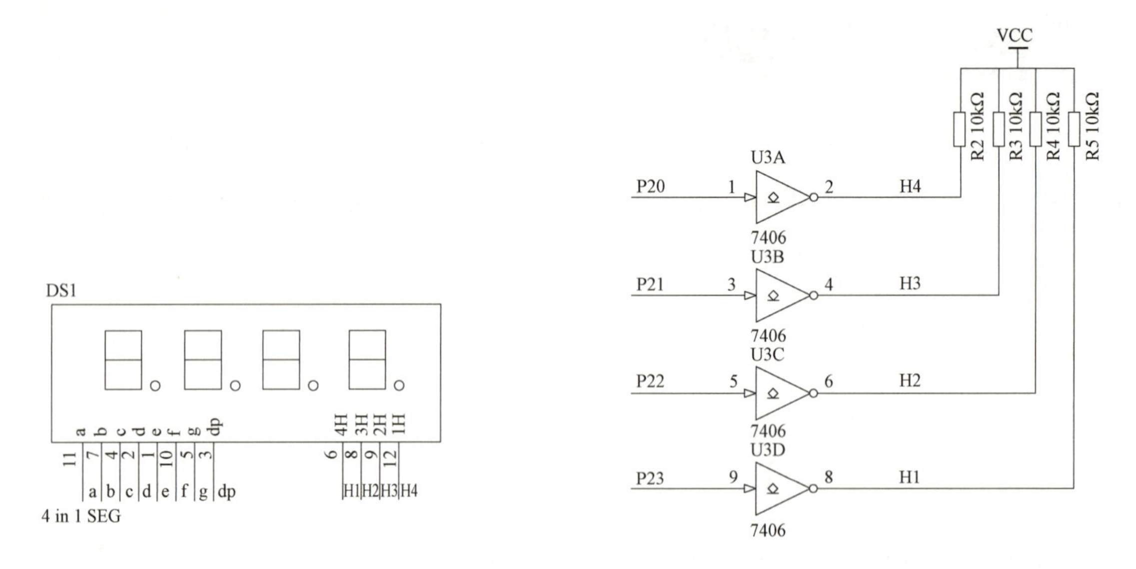

图 12-1　简易数字电压表电路图（续）

活动二：绘制程序流程图（见图 12-2）

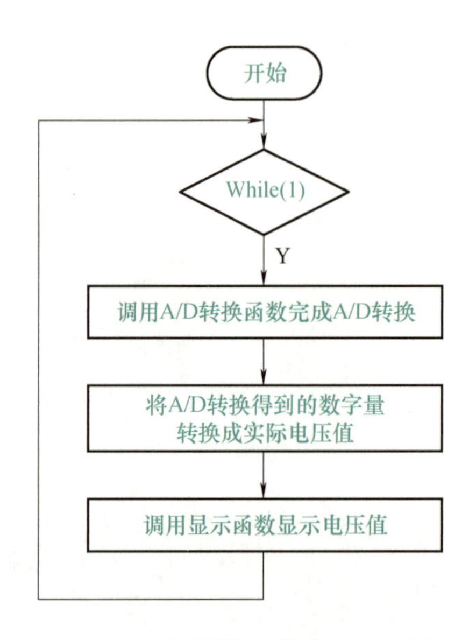

图12-2　简易数字电压表主函数

活动三：编程（将程序代码补充完整）

```
//四位数字显示电压表
#include <reg51.h>
#define uchar  unsigned char
```

```
#define uint   unsigned char
#define ulong unsigned long
//定义 ADC0832 串行总线操作端口
sbit CS = P3^4;                    //将 CS 位定义为 P3.4 引脚
sbit CLK = P3^0;                   //将 CLK 位定义为 P3.0 引脚
sbit DIO = P3^1;                   //因 ADC08302 的 DI 端和 DO 端连接在一起,故
                                     记为 DIO 端,并定义为 P3.1 引脚
unsigned char buf[] = {0,0,0,0};   //显示缓冲区
uchar code SEG[] = {0x3f,0x06,0x5b,0x4f,0x66,0x6d,0x7d,0x07,0x7f,0x6f,
0x00};                             /*共阴极八段码表*/
uchar code POS[] = {0x01,0x02,0x04,0x08};
uchar  A_D();
/* * * * * * * * * * * * * * * * * * * * * * * * * * * * * * * * * *
函数功能:将模拟信号转换成数字信号
* * * * * * * * * * * * * * * * * * * * * * * * * * * * * * * * * */
uchar  A_D()
{
  uchar i,dat;
    CS =1;                         //一个转换周期开始
    CLK =0;                        //为第一个脉冲做准备
    CS =0;                         //CS 置"0",片选有效
    DIO =1;                        //在第 1 个时钟脉冲下降之前,DI 端必须是高电
                                     平,故 DIO 置"1",规定的起始信号
    CLK =1;                        //第一个脉冲
    CLK =0;                        //第一个脉冲的下降沿,此前 DIO 必须是高电平
    DIO =1;                        //DIO 置"1",通道选择信号
    CLK =1;                        /*第二个脉冲,第 2、3 个脉冲下降沿之前,DI 必
                                      须发送输入两位数据用于选择通道,这里选通
                                      道 CH0 */
    CLK =0;                        //第二个脉冲下降沿
    DIO =0;                        //DI 置"0",选择通道 CH0
    CLK =1;                        //第三个脉冲
    CLK =0;                        //第三个脉冲下降沿
```

```
    DIO =1;                      //第三个脉冲下沉之后,输入端 DI 输入电平失
                                   去作用,应置“1”
    CLK =1;                      //第四个脉冲
    for(i =0;i <8;i ++)          //高位在前
      {
        CLK =1;                  //第四个脉冲
        CLK =0;
        dat << =1;               //将下面储存的低位数据向右移
            dat |= (uchar)DIO;   //将输出数据通过或运算储存在 dat 最低位
    }
    CS =1;                       //片选无效
     return dat;                 //返回读出的数据
  }
/ * ----------------延时子程序---------------------- * /
void delay(unsigned int k)
{
  unsigned int i,j;
  for(i =0;i <k;i ++)
  {
    for(j =0;j <125;j ++)
    {;}
  }
}
/ * --------------- 显示子程序-------------- * /
void disp(void)
{
    uchar i,j;
    for(i =0;i < =3;i ++)
    {
        P2 =POS[i];
        j =buf[i];
        if(i ==3)
        {
            P0 =________;        //在第 4 位数码管的右下角加小数点
        }
        else
            P0 =________;        //其他位正常显示
        delay(4);
    }
}
/ * ---------------- 主程序---------------------- * /
```

```
void main(void)
{
uint AD_val;                          //定义 A/D 转换数据变量
ulong digital_v;                      //储存 A/D 转换后的值
while(1)
{
    AD_val = A_D();                   //进行 A/D 转换
      digital_v = ______________;     //将转换得到的数字量转换为电压值
      buf[0] = digital_v%10;
      buf[1] = digital_v%100/10;
      buf[2] = digital_v%1000/100;
      buf[3] = digital_v/1000;
      disp();
  }
}
```

活动四：绘制 Proteus 仿真电路（见图 12-3），软件仿真，调试程序

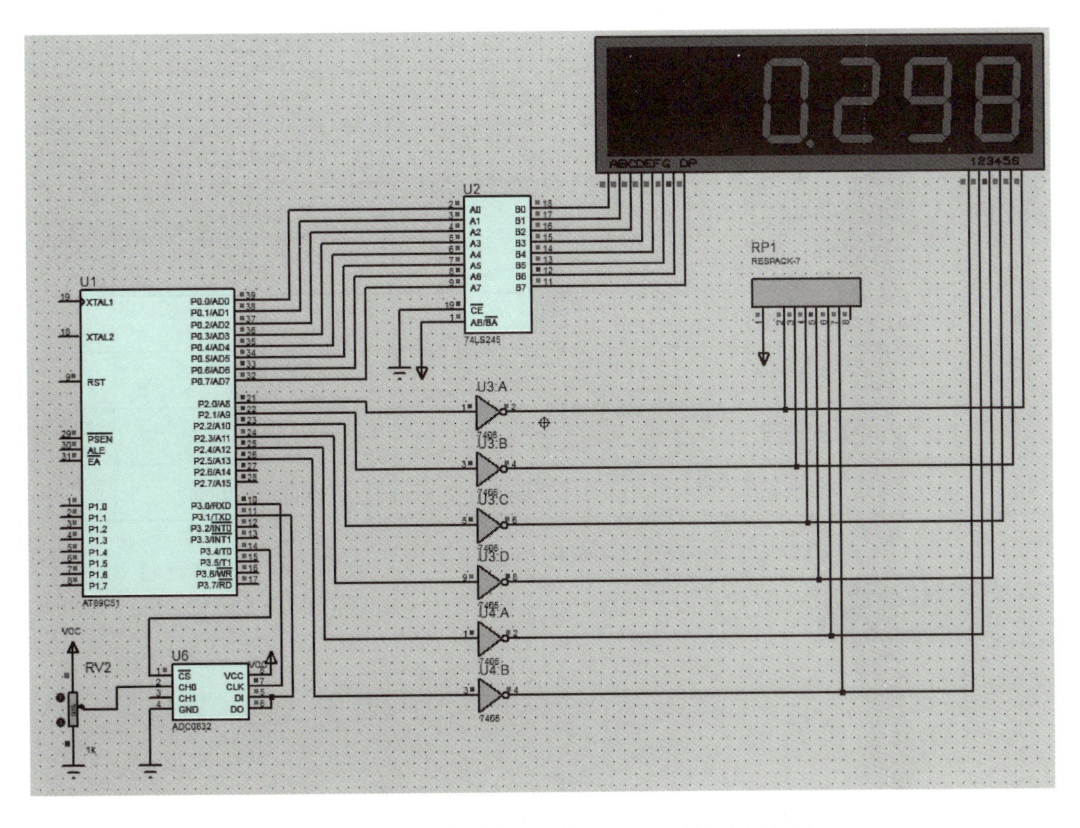

图 12-3　简易数字电压表 Proteus 仿真电路图

活动五：焊接并装配电路，下载程序，测试功能

本电路所需元器件见表 12-1。

表 12-1　简易数字电压表电路元器件列表

序　号	元器件名称	元器件标号	规格及标称值	数　量
1	电解电容	C1	10μF	1 个
2	瓷片电容	C2、C3	30pF	2 个
3	电阻器	RP1	100kΩ	1 个
4	电阻	R1 ~ R5	10kΩ	5 个
5	数码管	DS1	四位一体共阴极 0.5 英寸	1 个
6	驱动芯片	U2	74LS245	1 个
7	反相器	U3	SN7406N	1 个
8	A-D 转换器	U4	ADC0832	1 个
9	微动开关	S1	6mm × 6mm	1 个
10	排针	P1	单排 2.54mm	4 根
11	自锁开关	S2	8mm × 8mm	1 个
12	单片机	U1	STC89C51RC	1 个
13	晶振	Y1	12MHz	1 个
14	A/D 转换器插座		DIP8	1 个
15	反相器插座		DIP14	1 个
16	驱动芯片插座		DIP20	1 个
17	单片机插座		DIP40	1 个
18	单孔万能实验板		90mm × 70mm	1 块

一、A/D 转换器简介

A/D 转换器又称为“ADC”（Analog Digital Converter），即“模拟/数字转换器”。其作用是将模拟信号转换成数字信号，便于计算机进行处理。A/D 转换器

种类很多，按转换原理形式可分为逐次逼近式、双积分式和 V/F 变换式；按信号传输形式可分为并行 A/D 转换器和串行 A/D 转换器。并行 A/D 转换器转换速度快，编程简单，缺点是硬件较为复杂，价格较高，主要应用于视频和音频采集等场合；串行 A/D 转换器硬件电路简单、成本低，缺点是转换速度稍慢，编程稍微复杂一些，主要应用速度要求不高的仪器仪表中。

A/D 转换器转换过程如图 12-4 所示，模拟信号经过采样、保持、量化和编码后可转换为数字信号，该转换过程由集成芯片完成，使用比较方便。

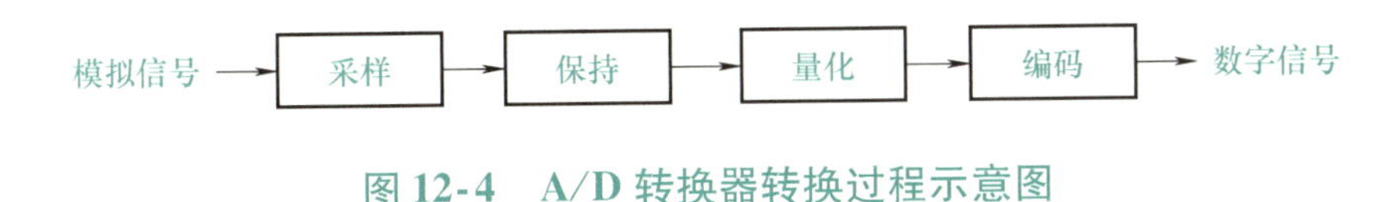

图 12-4　A/D 转换器转换过程示意图

二、A/D 转换器的主要技术指标

1. 转换时间和转换速率

A/D 转换器完成一次转换所需要的时间称为“转换时间”，转换时间越短，其转换速率就越快。

2. 分辨率

A/D 转换器的分辨率表示转换器对微小输入量变化的敏感程度，通常 A/D 转换器用输出的二进制位数表示。例如 AD574 转换器，可输出 12 位二进制数，即用 2^{12} 个数进行量化，其分辨率为 1LSB（Least Significant Bit，最低有效位），用百分数表示为 $1/2^{12}\times100\%=0.0244\%$。

量化过程引起的误差为量化误差。量化误差是由于有限位数字量对模拟量进行量化而引起的误差。量化误差理论上规定为一个单位分辨率的 -1/2LSB ~ 1/2LSB之间，提高分辨率可减少量化误差。目前常用的 A/D 转换器的转换位数有 8、10、12 和 14 位等。

3. 转换精度

A/D 转换器的转换精度定义为一个实际 A/D 转换器与一个理想 A/D 转换器在量化值上的差值。

三、A/D 转换器 ADC0832

1. ADC0832 引脚说明

ADC0832 是一种串行接口的 8 位分辨率、双通道 A/D 转换芯片，具有体积小、兼容性强、性价比高等优点，应用非常广泛。

ADC0832 芯片共有 8 个引脚，引脚排列和实物分别如图 12-5 和图 12-6 所示，其引脚功能如下：

1）VCC、GND：电源接地端，VCC 同时兼任参考电压 UREF；

2）$\overline{\text{CS}}$：片选端，低电平有效；

3）DI：数据信号输入端，通道选择控制；

4）DO：数据信号输出端，转换数据输出；

5）CLK：时钟信号输入端，要求低于 600kHz；

6）CH0、CH1：模拟信号输入端（双通道）。

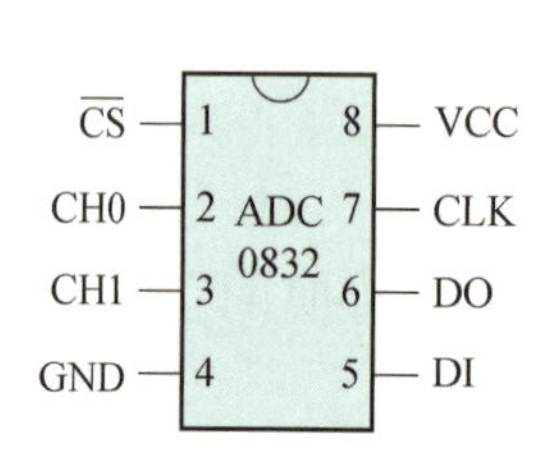

图 12-5　ADC0832 引脚排列图

图 12-6　ADC0832 实物图

2. ADC0832 的控制方法

正常情况下 ADC0832 与单片机的接口应为 4 条数据线，分别是$\overline{\text{CS}}$、CLK、DO、DI。但由于 DO 端与 DI 端在通信时并未同时有效并与单片机的接口是双向的，所以通常将 DO 和 DI 并联在一根数据线上使用，在程序代码中记作 DIO。在上述项目中，ADC0832 与单片机的接口如图 12-7 所示。

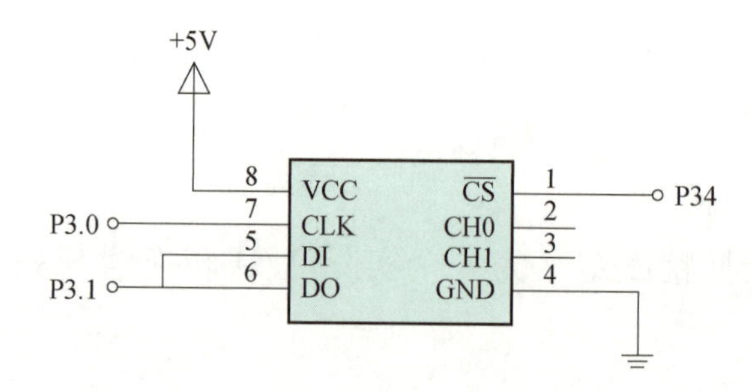

图 12-7　ADC0832 与单片机的接口

ADC0832 的工作时序如图 12-8 所示，其工作过程可分为两个阶段：

1）起始和通道配置：由单片机发送，从 ADC0832 DI 端输入。

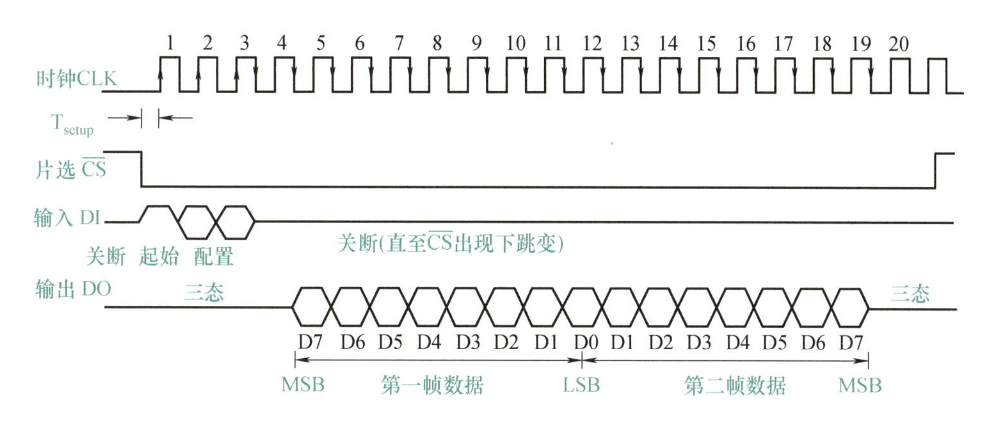

图 12-8　ADC0832 工作时序图

① 片选通。

当 ADC0832 未工作时，其 CS 输入端应为高电平，此时芯片禁用，CLK 和 DO/DI 的电平可任意。当要进行 A/D 转换时，须先将 CS 使能端置于低电平并且保持低电平直到转换完全结束。

```
CS =1;          //一个转换周期开始
CLK =0;         //为第一个脉冲做准备
CS =0;          //CS 置“0”,片选有效
```

② 发送启动信号。

由单片机向 ADC0832 的时钟输入端 CLK 输入时钟脉冲，DO/DI 端则使用 DI 端输入通道功能选择数据信号。在第 1 个时钟脉冲的下降沿之前 DI 端必须是高电平，表示起始信号。

```
DIO =1;      //在第 1 个时钟脉冲下降之前,DI 端必须是高电平,故 DIO 置“1”,规定的起
               始信号
CLK =1;      //第一个脉冲
CLK =0;      //第一个脉冲的下降沿,此前 DIO 必须是高电平
```

③ 发送通道选择信号。

在第 2、3 个脉冲下降沿之前，DI 端应输入两位数据用于通道选择（CH0 或 CH1）。当此两位数据为“10”时，只对 CH0 进行单通道转换。当两位数据为“11”时，只对 CH1 进行单通道转换。当两位数据为“00”时，将 CH0 作为正输入端 IN（+），CH1 作为负输入端 IN（-）进行输入。当两位数据为“01”时，将 CH0 作为负输入端 IN（-），CH1 作为正输入端 IN（+）进行输入。

```
DIO=1;                  //第2、3个脉冲下降沿之前,DI必须输入两位数据用于选择
                          通道,这里选通道CH0,即DIO置"1",通道选择信号
CLK=1;                  //第二个脉冲
CLK=0;                  //第二个脉冲下降沿
DIO=0;                  //两位数据"10",选择通道CH0
```

2）A/D 转换数据串行输出：由 ADC 0832 从 DO 端输出，单片机接收。

到第 3 个脉冲的下降沿之后，DI 端的输入电平就失去输入作用，此后 DO/DI 端则开始利用数据输出端 DO 读取转换数据。从第 4 个脉冲下降沿开始先由 DO 端输出转换数据的最高位（D7 位），随后每一个脉冲下降沿到来时 DO 端输出下一位数据，直到第 11 个脉冲时输出最低位数据（D0 位），一个字节的数据输出完成。从此位开始输出相反字节的数据，即从第 11 个字节的下降沿输出 D0 位，随后输出 8 位数据，到第 19 个脉冲时数据输出完成，也标志着一次 A/D 转换结束。

最后将 CS 置高电平，禁用芯片，直接将转换后的数据进行处理即可。

```
CLK=1;                  //第三个脉冲
CLK=0;                  //第三个脉冲下降沿
DIO=1;                  //第三个脉冲下沉之后,DI端输入电平失去作用,应置1
CLK=1;                  //第四个脉冲
for(i=0;i<8;i++)        //高位在前
  {
    CLK=1;              //第四个脉冲
    CLK=0;
    dat<<=1;            //将储存的低位数据向右移,低位补0
    dat|=(uchar)DIO;    //将输出数据通过或运算储存在dat的最低位
}
CS=1;                   //片选无效
```

项目拓展

按照功能要求，绘制电路图，绘制主程序流程图，编程并完成程序调试，焊接装配电路，下载程序，并测试电路功能。

功能要求：在该项目基础上，利用温度传感器 LM35 和运算放大器 LM324 制作一个数字温度表，要求测量范围为 0～100℃。

芯片资料：

1. LM35

LM35 为电压变化型温度传感器，其输出电压同摄氏温度呈线性关系，其转换公式如下：

$$V_{out\_LM35}(T) = 10mV/℃ \cdot T℃$$

0℃时输出为 0V，每升高 1℃，输出电压升高 10mV，在常温下不需要校准处理即可达到 1/4℃的准确率，其封装形式与引脚如图 12-9 所示。

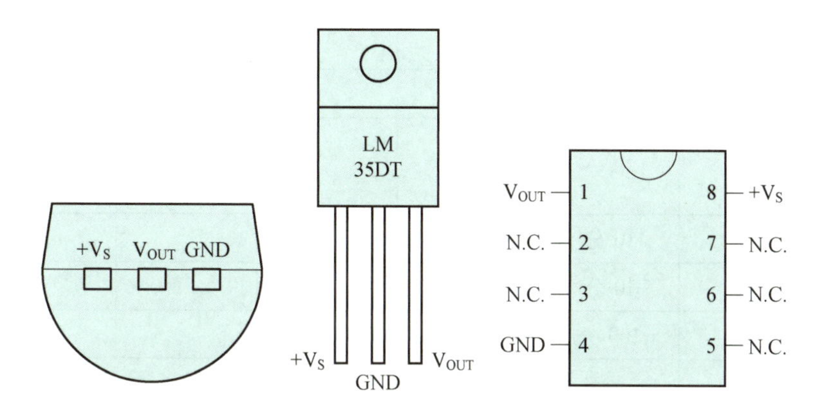

图 12-9　LM35 的封装形式与引脚

2. LM324

LM324 是四运放集成电路，它采用 14 引脚双列直插塑料封装，其外围引脚如图 12-10 所示。它内部包含四组形式完全相同的运算放大器，除电源共用外，四组运放相互独立。引脚 11 接负电源，引脚 4 接正电源。

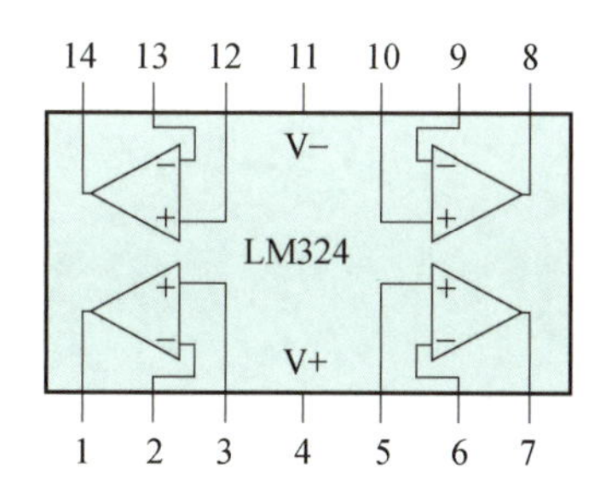

图 12-10　LM324 外围引脚

项目小结

本项目介绍了 A/D 转换相关知识以及 A/D 转换的控制方法，进一步拓宽了单片机的应用范围。

评价分析

完成项目评价反馈表，见表 12-2。

表 12-2　项目评价反馈表

评价内容	分值	自我评价	小组评价	教师评价	综合	备注
识读电路图	10 分					
绘制程序流程图	20 分					
编程	20 分					
绘制仿真电路图，仿真调试	30 分					
焊接电路	10 分					
下载程序，测试功能	10 分					
合计	100 分					
取得成功之处						
有待改进之处						
经验教训						

附 录

附录 1 STC89C51RC 特殊功能寄存器（SFR）一览表

SFR 符号	地 址	复位值（二进制）	功 能 名 称
* B	0F0H	00000000	B 寄存器
* ACC	0E0H	00000000	累加器
* PSW	0D0H	00000000	程序状态字
* IP	0B8H	XXX00000	中断优先级控制寄存器
* P3	0B0H	11111111	P3 口锁存器
* IE	0A8H	XXX00000	中断允许控制寄存器
* P2	0A0H	11111111	P2 口锁存器
SBUF	99H	不定	串行数据缓冲器
* SCON	98H	00000000	串行控制寄存器
* P1	90H	11111111	P1 口锁存器
TH1	8DH	00000000	定时器/计数器 T1 高字节
TH0	8CH	00000000	定时器/计数器 T0 高字节
TL1	8BH	00000000	定时器/计数器 T1 低字节
TL0	8AH	00000000	定时器/计数器 T0 低字节
TMOD	89H	00000000	定时器/计数器方式控制寄存器
* TCON	88H	00000000	定时器/计数器控制寄存器
PCON	87H	0XXX0000	电源控制寄存器
DPH	83H	00000000	数据寄存器指针（高 8 位）
DPL	82H	00000000	数据寄存器指针（低 8 位）
SP	81H	00000111	堆栈指针
* P0	80H	11111111	P0 口锁存器

附录 2　SFR 中的位地址分配

寄存器符号	位地址								字节地址
	D7	D6	D5	D4	D3	D2	D1	D0	
B	F7	F6	F5	F4	F3	F2	F1	F0	F0H
ACC	E7	E6	E5	E4	E3	E2	E1	E0	E0H
PSW	D7	D6	D5	D4	D3	D2	D1	D0	D0H
IP				BC	BB	BA	B9	B8	B8H
P3	B7	B6	B5	B4	B3	B2	B1	B0	B0H
IE	AF			AC	AB	AA	A9	A8	A8H
P2	A7	A6	A5	A4	A3	A2	A1	A0	A0H
SCON	9F	9E	9D	9C	9B	9A	99	98	98H
P1	97	96	95	94	93	92	91	90	90H
TCON	8F	8E	8D	8C	8B	8A	89	88	88H
P0	87	86	85	84	83	82	81	80	80H

附录 3　Keil C51 常用关键字

关键字	用途	说明
break	程序结构语句	退出最内层循环
case	程序结构语句	switch 语句中的选择项
char	数据类型说明	字符型数据或单字节整型数
continue	程序结构语句	转向下一次循环
default	程序结构语句	switch 语句中的默认选择项
do	程序结构语句	构成 do… while 循环结构
double	数据类型说明	双精度浮点数
else	程序结构语句	构成 if… else 选择结构
for	程序结构语句	构成 for 循环结构
goto	程序结构语句	构成 goto 转移结构
if	程序结构语句	构成 if… else 选择结构

（续）

关 键 字	用　途	说　明
int(long、short)	数据类型说明	基本整型数（长整型数、短整型数）
signed(unsigned)	数据类型说明	有符号数（无符号数）
void	数据类型说明	空类型
while	程序结构语句	构成 while 和 do…while 循环结构
bit(sbit)	位标量声明	声明一个位类型（可位寻址）的变量
sfr(sfr16)	特殊功能寄存器声明	声明一个 8 位（16 位）特殊功能寄存器
data	存储器类型说明	直接寻址的内部数据存储器
bdata	存储器类型说明	可位寻址的内部数据存储器
idata	存储器类型说明	间接寻址的内部数据存储器
pdata	存储器类型说明	分页寻址的外部数据存储器
xdata	存储器类型说明	外部数据存储器
code	存储器类型说明	程序存储器
interrupt	中断函数说明	定义一个中断函数
using	寄存器组定义	定义工作寄存器
reentrant	可重入函数说明	定义一个可重入函数
extern	外部调用函数或变量说明	置于变量或者函数前，在其他文件中标示该变量或者函数的定义

参 考 文 献

[1] 张毅刚，彭喜元，彭宇. 单片机原理及应用 [M]. 2 版. 北京：高等教育出版社，2010.

[2] 王静霞. 单片机应用技术：C 语言版 [M]. 2 版. 北京：电子工业出版社，2014.

[3] 王东锋，王会良，董冠强. 单片机 C 语言应用 100 例 [M]. 3 版. 北京：电子工业出版社，2017.

[4] 张靖武，周灵彬. 单片机系统的 PROTEUS 设计与仿真 [M]. 北京：电子工业出版社，2007.

[5] 马忠梅，李元章，等. 单片机的 C 语言应用程序设计 [M]. 6 版. 北京：北京航空航天大学出版社，2017.

[6] 赵亮，侯国锐. 单片机 C 语言编程与实例 [M]. 北京：人民邮电出版社，2003.